"十四五"职业教育国家规划教材

U0743040

高等职业教育新形态创新系列教材

新一代信息技术与人工智能系列教材

人工智能导论

（修订版）

RENGONG ZHINENG DAOLUN(XIUDING BAN)

主 编 石 忠 李 新 赵雪峰

副主编 孙东涛 周建坤 张清睿 高 瑞

编 者 付 瑶 张苑媛 魏晓巍 张 飞 杜建辉

西安交通大学出版社

XI'AN JIAOTONG UNIVERSITY PRESS

图书在版编目（CIP）数据

人工智能导论 / 石忠，李新，赵雪峰主编 . -- 修订版 . -- 西安：西安交通大学出版社，2025.5. --（新一代信息技术与人工智能系列教材）.--ISBN 978-7 -5693-4073-0

Ⅰ . TP18

中国国家版本馆 CIP 数据核字第 2025Z1B317 号

Réngōng Zhìnéng Dǎolùn（*Xiūdìng Bǎn*）

书　　名	人工智能导论（修订版）
主　　编	石　忠　李　新　赵雪峰
策划编辑	杨　璠
责任编辑	杨　璠
责任校对	王玉叶
封面设计	任加盟

出版发行	西安交通大学出版社
	（西安市兴庆南路 1 号　邮政编码 710048）
网　　址	http://www.xjtupress.com
电　　话	（029）82668357　82667874（市场营销中心）
	（029）82668315（总编办）
传　　真	（029）82668280
印　　刷	陕西奇彩印务有限责任公司

开　　本	787 mm × 1092 mm　　1/16　　印张 13.25　　字数 269 千字
版次印次	2025 年 5 月第 1 版　2025 年 5 月第 1 次印刷
书　　号	ISBN 978-7-5693-4073-0
定　　价	49.00 元

如发现印装质量问题，请与本社市场营销中心联系调换。

订购热线：（029）82665248　　（029）82667874

投稿热线：（029）82668804

读者信箱：phoe@qq.com

党的二十大报告强调："推动战略性新兴产业融合集群发展，构建新一代信息技术、人工智能、生物技术、新能源、新材料、高端装备、绿色环保等一批新的增长引擎。"当前，人工智能日益成为引领新一轮科技革命和产业变革的核心技术，在制造、金融、教育、医疗和交通等领域的应用场景不断落地，极大改变了既有的生产生活方式，正在重塑全球产业格局和社会形态。从智慧城市的智能交通调度到医疗领域的 AI 辅助诊疗，从教育领域的个性化学习系统到制造业的自主决策机器人，AI 技术已深度渗透至社会生产生活全链条。

作为培养技能人才的主阵地，高等职业院校肩负着为国家输送"懂原理、能操作、会创新"的高素质技能人才的使命。职业院校必须构建"人工智能＋"课程体系，强化学生数字化思维与跨界解决问题的能力。团队立足产业前沿趋势与职业教育特色，结合人工智能在各领域的实际应用和多所院校人才培养方案的要求，组织编写了本教材，旨在通过理论与实践结合，响应国家战略与行业需求，聚焦"核心算法认知＋场景化应用"的复合能力培养，帮助高职学生跨越技术鸿沟，适应智能制造、智慧服务等新兴岗位需求。

本书的编写力求体现以下特色。

1. 价值引领与技术赋能深度融合

通过国家战略、伦理安全及文化传承三大维度渗透思政元素，在技术教学中强化科技报国意识与"技术向善"理念。通过物流分拣机器人国产化案例、"红色文旅"AI创作等任务实践形成"显性政策引导＋隐性价值浸润"的思政教育路径，实现专业知识传授与家国情怀培养的有机统一。安全伦理教育以渗透式与专题化相结合的方式贯穿教材，潜移默化地培养学生的技术伦理素养。

2. 理论与实践并重，能力与素养共育

教材采用项目化任务驱动模式，通过六大模块化项目构建完整的学习框架，每个项目均以"任务目标→知识铺垫→实践操作→延伸拓展"的逻辑主线展开。这种模块化设计不仅贴合职业院校学生的认知规律，更通过"做中学"，强化了技术应用能力的培养。

教材注重理论与技术的深度融合，强调技术演进路径与产业需求的关联性。在自然语言处理、机器视觉等模块中，既系统梳理了从规则系统到深度学习的技术发展脉络，又以电商客服搭建、医学图像分割等真实产业案例为载体，帮助学生理解技术落地的逻辑。

3. 紧贴前沿动态，突出前瞻性与创新性

教材专设"AIGC应用"项目，深度剖析生成式AI、大模型预训练机制、AI短视频生成等热点技术，并通过文旅宣传视频生成、直播脚本设计等实践任务引导学生掌握工具应用。机器人技术模块涵盖物流分拣机器人、仿生机器人、人形机器人等多样化形态，既体现工业场景的实用性，又渗透具身智能的前沿探索，构建了从经典技术到创新领域的知识图谱。

4. 小任务降低实践门槛，大跨界拓宽认知

每个任务均配套"任务实践小册"，提供标准化操作指引，并整合AI服务平台、虚拟主播生成工具等技术资源降低实践门槛。配套的"拓展延伸"与"巩固提升"环节进一步构建了"学习→验证→拓展"的闭环，助力学生从技能掌握走向创新应用。

教材还凸显人工智能技术的跨界融合特征，通过空间智能模块延伸技术应用场景。智慧教室、智能家居、智慧城市等任务设计，引导学生理解人工智能在环境感知、系统控制、城市规划等领域的渗透力，既拓宽了学生的技术认知边界，也为复合型人才培养提供了路径支持。

　　本书由石忠、李新、赵雪峰担任主编，孙东涛、周建坤、张清睿、高瑞担任副主编，付瑶、张苑媛、魏晓巍、张飞、杜建辉参与编写。编写团队在编写本书的过程中，借鉴了相关出版物和网络资料，参考了业内学者、从业者的研究成果和经验，在此对所有为本书编写提供过帮助的各位专家和老师表示衷心的感谢。

　　由于人工智能技术的发展迭代较快，书中难免存在疏漏和不足之处，恳请广大读者批评指正。

编　者

2025 年 4 月

目录 CONTENTS

认识人工智能

项目导入

人工智能（AI，Artificial Intelligence）浪潮席卷全球，正以前所未有的速度、广度和深度改变着人们的生产生活方式，对全球经济社会发展和人类文明进步产生深远影响。近年来，语言大模型、多模态模型、智能体和具身智能等领域不断出现突破性创新，推动人工智能迈向通用智能初始阶段。

本项目通过三个任务，带领大家追溯人工智能的起源，回溯其发展历程，并探讨目前人工智能发展面对的安全及伦理问题，帮助大家初步认识人工智能的核心概念及其在现实中的应用。

项目案例

» **案　例**

智能革命

——探索 AI 的过去、现在与未来

张悦是一所高职院校计算机应用专业的学生，毕业后进入一家智能制造企业，参与智能工厂的运维工作。为了帮助新进员工快速适应岗位需求，公司技术部的王主任决定组织一场关于人工智能基础认知的培训。

王主任介绍了人工智能的产生背景和驱动因素，详细讲解了人工智能的内涵与特点。他解释说，人工智能是计算机科学的一个分支，旨在使机器能够模拟人类智能，具备感知、学习、推理和决策能力。例如，工厂中的视觉检测系统可以通过深度学习识别产品缺陷，比人工检测更精准高效。王主任还提到，人工智能的核心特点包括自主学习能力、跨领域应用性和实时性与可靠性。最后，王主任展望了人工智能的发展趋势，指出未来 AI 将更加注重与物联网、大数据的深度融合，并在医疗、教育、交通等领域发挥更大作用。

张悦感慨道："通过这次培训，我不仅了解了人工智能的基本概念，更看到了它如何实实在在地推动制造业升级。这让我对接下来的工作充满信心！"

» **案例思考**

（1）人工智能产生的背景和驱动因素有哪些？

（2）与传统技术相比，人工智能有哪些核心优势？

任务1 初识人工智能

任务导入

达·芬奇机器人（Leonardo's robot）是由列奥纳多·达·芬奇大约于 1495 年设计的仿人型机械。然而，达·芬奇的多数"发明"只停留在图纸上，后世科学家一直试图根据达·芬奇许多匪夷所思的"发明"草图复制出一些达·芬奇的发明。一群意大利工程师根据达·芬奇留下的草图苦苦揣摩，耗时 15 年造出了被称作"机器武士"的机器人（图 1-1）。这可能是世界上最古老的机器人，它靠风能和水力驱动。在达·芬奇留下的设计草图中，该机器人被设计成一个骑士的模样，身穿德国 - 意大利式的中世纪盔甲，它可以做出一些动作，包括坐、起、摆手、摇头及张嘴。

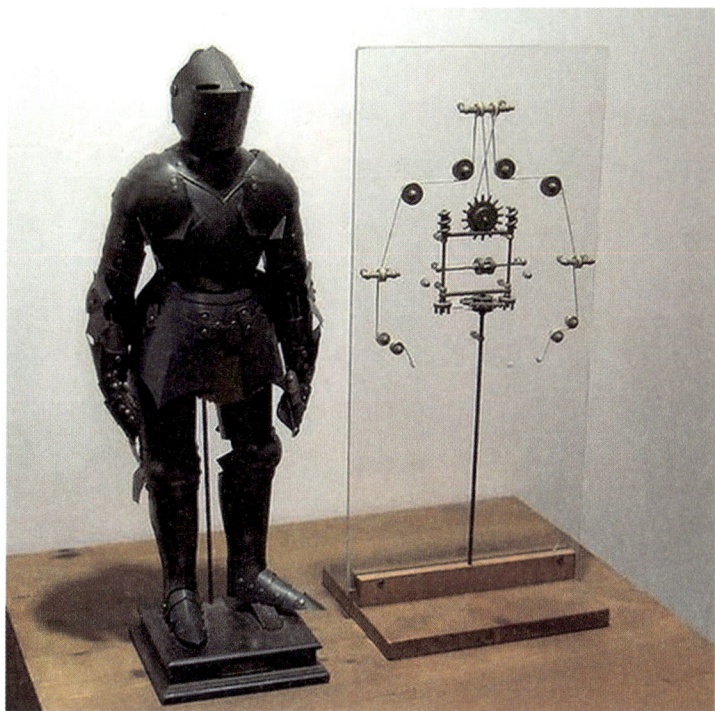

图 1-1　达·芬奇机器人

课堂讨论

达·芬奇机器人是否算"人工智能"？你心中的"人工智能"是怎样的？

任务目标

» 知识目标

理解人工智能的基本定义及其核心概念；

掌握每个发展阶段的关键技术突破和代表性的研究成果；

熟悉人工智能关键技术及其相互关系。

» 能力目标

能够通过文献查阅和资料整理，梳理人工智能起源的关键时间节点；

能够分析不同历史时期 AI 技术的特点和发展趋势；

能够根据实际应用场景、辨析和选择相应的人工智能关键技术。

» 素养目标

培养科学探索精神与科技报国意识，理解技术发展的社会价值；

增强创新意识，体会跨学科融合对科技革命的重要性；

培养对技术发展的人文关怀精神，充分考虑技术对人类社会和个体的影响。

» 任务重难点

重点：熟悉并掌握人工智能关键技术及其相互关系；

难点：根据实际应用场景，辨析和选择相应的人工智能关键技术。

任务知识

1. 人工智能的定义

达特茅斯会议（Dartmouth Conference）是人工智能领域历史中的一个重要事件，它于 1956 年夏季在美国新罕布什尔州汉诺威的达特茅斯学院举行。这次会议通常被认为是"人工智能"这一术语诞生的地方，并标志着人工智能作为一门独立学科的正式确立。

在人工智能的概念出现以后，处于人工智能不同发展阶段的专家们从不同角度给出了关于人工智能的很多定义，但他们并没有达成一致意见。

达特茅斯会议

综合各种不同的观点，可以从广义和狭义两方面对人工智能进行定义。广义人工智能指能够模拟、延伸或扩展人类智能的技术与系统；狭义人工智能指通过特定算法和数据使机器具备某种特定智能或能力的技术与系统。

2. 人工智能主要应用场景

人工智能技术的发展已经渗透到我们生活的方方面面，从医疗保健、金融到制造业等各个领域，如表 1-1 所示。

表 1-1 人工智能主要应用场景

应用领域	具体应用场景	描述
医疗健康	疾病诊断、个性化治疗、药物研发、基因测序	利用 AI 分析医疗影像、基因数据，辅助医生诊断和制订治疗方案
金融服务	风险评估、信用评级、反欺诈、量化交易	通过分析金融数据，提供风险控制、信用评估和交易决策支持
智能交通	交通流量预测、自动驾驶、智能导航	利用 AI 优化交通管理，提高道路使用效率，减少拥堵，以及实现车辆的自动驾驶功能
教育	个性化学习、智能辅导、自动评分	根据学生的学习情况提供定制化内容，使用智能系统进行作业和考试的自动评价
智能制造	预测性维护、质量控制、供应链优化	通过分析生产数据，提高制造效率和产品质量，优化库存和物流
零售业	个性化推荐、库存管理、客户行为分析	结合消费者数据进行商品推荐，优化库存管理，分析消费者行为以提升销售
安全监控	异常检测、人脸识别、智能监控	利用视频监控进行实时的异常行为分析和人脸识别，提高安全防护水平
客户服务	智能客服、聊天机器人	提供全天候的自动化客户咨询服务，通过自然语言处理技术解答客户疑问

3. 人工智能基础技术

人工智能的基础技术体系如表 1-2 所示。

表 1-2　人工智能基础技术体系

技术层级	具体技术	核心功能	典型应用场景
基础支撑技术	1. 机器学习算法（SVM[①]、决策树等） 2. 深度学习框架（TensorFlow、PyTorch） 3. 算力基础设施（GPU/TPU 芯片）	提供算法模型训练基础，支撑数据处理与模式识别能力	所有 AI 应用的底层开发
关键通用技术	1. 计算机视觉（CV，computer vision） 2. 自然语言处理（NLP，natural language processing） 3. 语音识别与合成 4. 机器人运动控制	跨行业通用能力： 图像/视频解析 文本语义理解 人机交互接口	智能客服、工业质检、服务机器人
关键领域技术	1. 生物特征识别（指纹/虹膜） 2. 医疗影像分析 3. 金融风控模型 4. 自动驾驶感知系统	垂直行业专用能力： 身份认证 疾病诊断辅助 实时风险预测	智慧医疗、金融科技、无人驾驶
融合扩展技术	1. 多模态大模型（文本＋图像） 2. 联邦学习 3. 数字孪生 4. 智能表格处理（OCR[②]＋NLP）	复杂场景融合能力： 跨模态数据协同 隐私保护计算 物理世界数字化	智慧城市、跨平台数据分析、文档自动化

注：① SVM（support vector machine）：支持向量机，一种有监督的学习模型，主要用于分类和回归分析。
　　② OCR（optical character recognition）：光学字符识别。

4. 人工智能产业需求

当前人工智能的产业需求以技术迭代、场景落地与政策牵引为核心驱动力。人才需求呈现"技术－应用"双轨并行特征，岗位人才倾向于"AI＋行业"复合能力培养。未来产业需求将延续"场景适配优先"逻辑，从大模型狂热转向务实落地，通过政策引导、生态协同与人才重构，推动人工智能在效率提升与社会价值创造间实现平衡，如表 1-3 所示。

表 1-3　人工智能产业需求

需求维度	核心需求描述	典型应用场景	技术支撑
政策与战略需求	构建国家级标准体系，推动跨行业数据共享与产业融合	智慧城市、智能制造、医疗影像分析	多模态交互技术、大模型伦理框架设计
技术研发需求	突破 AI 加速器设计，提升算力基础设施性能	自动驾驶、工业机器人、AIGC[①]	边缘计算、生成式 AI、具身智能技术
数据治理需求	建立行业级高质量数据集，解决医疗 / 金融领域数据孤岛问题	个性化诊疗、智能风控	联邦学习、数据脱敏技术、区块链存证
行业应用需求	开发垂直领域大模型（如教育场景智能批改、工业质检等）	教育作业批改、产线缺陷检测	OCR 识别、多模态大模型、数字孪生技术
人才需求	培养"AI ＋行业"复合型人才（如医疗 AI 工程师、智能制造算法专家）	产学研合作项目、企业技术转化	智能教学系统、虚拟仿真实验平台

注：① AIG C（AI generated context）：人工智能生成内容。

随着 AI 技术的不断发展，其在各行各业的应用越来越广泛和深入，持续推动产业的数字化转型和智能化升级。人工智能正成为推动产业创新和经济增长的新引擎。

任务实践

调研人工智能行业岗位人才需求

» 任务内容

调研人工智能行业的主要岗位类型及其职责。分析不同岗位的人才需求，包括技能、学历、经验等要求。收集并整理行业内的薪资水平及发展趋势。总结调研结果，形成报告并提出个人见解或建议。

» 实践步骤

（1）确定调研目标，明确调研范围和方法。

参考行业报告、招聘网站、企业官网等渠道，初步了解人工智能行业概况。

选定具体的调研岗位，如算法工程师、数据科学家、人工智能训练师等。

（2）收集岗位信息，详细记录岗位职责、任职要求等。

访问招聘网站，收集目标岗位的招聘信息。

查阅企业官网，了解企业对人工智能岗位的具体描述和要求。

记录并分析不同岗位之间的异同，包括技能要求、学历背景、工作经验等。

（3）分析人才需求，总结薪资水平及发展趋势。

统计各岗位的薪资范围，分析薪资与岗位类型、工作经验等因素的关系。

结合行业发展趋势，预测未来人工智能岗位的人才需求变化。

（4）撰写调研报告，提出个人见解或建议。

整理调研数据，形成清晰的报告结构。

分析调研结果，提出对人工智能行业岗位人才需求的看法或建议。

附上调研过程中收集的数据和图表，增强报告的说服力。

任务实践小册

调研人工智能行业岗位人才需求
任务情境活页工单

姓　名		班　级		学　号	
实训教室		学　时		日　期	
任务书					
任务名称	调研人工智能行业岗位人才需求				
任务描述	通过查阅招聘网站、企业官网、行业报告等，调研人工智能行业的主要岗位类型及其人才需求，分析岗位职责、技能要求与发展前景，最终以"岗位需求分析报告"或"职业规划书"形式展示调研成果，并结合自身兴趣与能力制定初步的职业规划				
任务要求	**任务质量要求：** 能从可靠的资源渠道获取最新的岗位信息。 能详细分析岗位职责、技能要求和发展前景。 调研报告文档结构逻辑清晰，易于理解。 **职业素养要求：** 能收集和分析信息，评估信息来源的可靠性。 注重团队合作，尊重团队成员，分享资源，共同解决问题				

任务步骤	工作步骤	要求	时间/min	备注
	阅读任务书	了解任务内容	5	
		了解任务要求	5	
	任务实践	完成知识巩固	10	
		完成技能训练	20	

实操评估表

基本 信息	姓 名		学 号		班 级		组 别	
	规定 时间		完成 时间		考核 日期		总评 成绩	
考核 内容	序号	内容		评分标准		标准分	评分	
	1	确定调研目标，明确调研范围和方法		调研全面，涵盖了人工智能行业的主要岗位类型		20		
	2	收集岗位信息，详细记录岗位职责、任职要求		收集的数据准确，来源可靠		20		
	3	分析人才需求，总结薪资水平及发展趋势		对人才需求的分析深入，结合了行业发展趋势		30		
	4	撰写调研报告，提出个人见解或建议		报告规范，具有创新性建议		20		
	5	团结协作		1.分工明确，工作任务目标明确，工作量明确，执行进度安排合理，获得5分。 2.分工较为明确，工作任务目标较为明确，工作量较为明确，执行进度安排较为合理，获得1~4分。 3.分工不明确，工作任务目标不明确，工作量不明确，执行进度安排不合理，不得分		5		
	6	沟通表达		1.愿意沟通，善于沟通，获得3分。 2.愿意沟通，但不善于沟通，获得1~2分。 3.不愿意沟通，不得分		3		
	7	工单填写		1.完整完成工单，获得2分。 2.未完整完成工单，不得分		2		
教师 评语								

任务2　概览人工智能发展之路

任务导入

　　1956 年的达特茅斯会议上，参会者对创造具有人类智能的机器充满乐观。然而，由于当时的技术限制，比如计算能力不足和数据量有限，许多雄心勃勃的目标未能实现。到了 20 世纪 70 年代初，政府和投资者对 AI 的兴趣减少，导致相关研究资金削减。

　　随着专家系统的成功应用及第五代计算机项目的推动，AI 发展迎来了第二春。专家系统能够在特定领域内模仿人类决策过程，并被广泛应用于商业和工业界。但是，这些系统维护成本高昂且缺乏灵活性，加上个人电脑革命分散了人们对在大型机上运行的 AI 程序的关注，使得 AI 再次遭遇资金紧缩和技术瓶颈。

　　从 20 世纪 90 年代中期开始，互联网的普及带来了大量数据，同时硬件性能大幅提升，AI 已经在图像识别、语音识别等领域取得了显著成就，并逐渐渗透到日常生活的各个方面。

　　值得注意的是，"第三次兴起"并没有接着一个明显的低谷期；相反，自那以后，AI 持续保持热度，并成为科技发展的重要驱动力之一。不过，这也并不意味着没有挑战，比如伦理问题、就业影响等议题引起广泛讨论。

机器人学三定律

课堂讨论

　　围绕"人工智能发展史"的核心问题——技术突破与社会需求的相互作用，以及技术发展的曲折性与长期性，讨论：

　　（1）人工智能的发展是否一帆风顺？

　　（2）为什么会出现'三起两落'的现象？"

任务目标

》 知识目标

理解人工智能发展的主要阶段及其特征；

掌握每个发展阶段的关键技术突破和代表性的研究成果；

了解人工智能发展过程中的挑战与机遇。

» **能力目标**

能够绘制并解释人工智能发展的时间轴，包括重要事件和技术进展；

学会分析不同历史时期 AI 技术的特点和发展趋势；

提升资料收集与整合的能力，通过案例研究加深对 AI 发展历程的理解。

» **素养目标**

培养批判性思维能力，能够客观评估 AI 技术的影响；

强化社会责任感，思考 AI 伦理问题及未来发展方向；

激发创新精神，勇于探索新技术领域。

» **任务重难点**

重点：理解人工智能发展中各个阶段的代表性成果和技术特点；

难点：分析 AI 发展中遇到的主要挑战及解决方案。

任务知识

1. 人工智能的发展阶段

人工智能技术的诞生，可以追溯到 20 世纪中期。从理论奠基到技术爆炸，人工智能的发展经历了多次技术浪潮与寒冬，深刻重塑了人类社会。学术界对这一过程中起伏和转折的描述不尽相同，本书将人工智能的发展划分为 5 个阶段，并基于时间轴分析人工智能的历史进程。

1）奠基期（20 世纪 40—50 年代）：从战争密码到学科诞生

1943 年，阿兰·图灵团队研制的"巨人"密码破译机在二战中成功破解德军密码，为盟军提供了关键情报优势，从而显著缩短了战争进程，并为此后的计算机科学发展奠定了基础。随后在 1950 年，图灵发表了具有里程碑意义的论文《计算机器与智能》，在这篇文章中他提出了著名的"图灵测试"，为评估机器是否具备人类智能

图灵测试

水平设定了标准。到了 1956 年的达特茅斯会议上，约翰·麦卡锡、马文·明斯基等学者首次正式提出"人工智能"这一术语，标志着人工智能作为一门独立学科的诞生。紧接着，在 1959 年，亚瑟·塞缪尔创造了"机器学习"（ML，machine learning）这一概念，并开发出了第一个能够自主学习的跳棋程序，该程序最终甚至击败了人类冠军，开启了通过算法让计算机自动改进性能的新纪元。

2）黄金年代与寒冬期（20 世纪 60—80 年代）：符号主义与专家系统的兴衰

1966 年，麻省理工学院推出了首个聊天机器人 ELIZA，如图 1-2 所示。它通过模拟心理医生的对话方式，开启了"人机交互"的初步探索并引发了广泛关注。在 1968 年，

斯坦福研究所开发了 Shakey 机器人，这是首个将感知、推理与行动能力整合在一起的机器人，为现代机器人学奠定了基础。进入 20 世纪 70 年代，专家系统兴起，如在医疗诊断中应用的 MYCIN 系统，展现了人工智能在特定领域内的潜力，但由于这些系统严重依赖规则库且面临数据不足的问题，很快便遭遇了发展瓶颈。到了 20 世纪 80 年代，由于技术局限性和前期过度的市场炒作未能兑现承诺，人工智能相关资助资金大幅缩减，AI 进入了所谓的"寒冬期"，LISP 机[①]市场的崩溃更是加剧了这一趋势，尽管如此，这段时间仍为后续的技术突破积累了宝贵的经验。

图 1-2　聊天机器人 ELIZA

3）机器学习的复兴期（20 世纪 90 年代—21 世纪初）：数据与算法的双重突破

1997 年，IBM 的"深蓝"计算机在一场比赛中击败了国际象棋世界冠军卡斯帕罗夫，这一事件不仅展示了暴力计算与规则引擎相结合的强大威力，也为人工智能领域带来了新的思考方向。2006 年，ImageNet 项目[②]启动，致力于构建一个大规模的图像数据库，此举极大地推动了计算机视觉领域的技术革新，为后续的研究提供了坚实的数据基础。2009 年，利用 GPU 加速神经网络训练的方法被提出，这一突破开启了深度学习硬件支持的新时代，显著提升了训练效率和模型性能，进一步促进了人工智能技术的发展。

4）深度学习革命期（20 世纪 10 年代）：从实验室到大众生活

2012 年，AlexNet[③]在 ImageNet 竞赛中以深度学习技术大幅超越传统算法，将图像识别错误率降至 16.4%，这一成就不仅展示了深度神经网络的强大能力，也引爆了新一轮人工智能研究热潮。到了 2016 年，DeepMind 公司的人工智能机器人 AlphaGo 击败了围棋世界冠军李世石，通过结合强化学习与蒙特卡洛树搜索，展现了人工智能在处理复

---

① LISP 机是首先进入市场并广泛应用的人工智能机。
② ImageNet 项目是一个用于视觉对象识别软件研究的大型可视化数据库。
③ AlexNet 是一种深度卷积神经网络（CNN, convolutional neural network），由 Alex Krizhevsky 等人于 2012 年在 ImageNet 图像分类竞赛首次引入。

杂决策问题上的通用智能潜力，标志着 AI 技术达到了一个新的高度。紧接着，在 2017 年，Transformer 架构[①]的问世为自然语言处理领域带来了革命性的变化，奠定了新的研究范式，并催生了一系列基于该架构的大规模预训练模型，如 BERT 和 GPT 等，极大地推动了 NLP 技术的发展。

5）大模型时代期（2020 年至今）：生成式 AI 与多模态融合

自 2020 年起，人工智能领域迎来了多个突破性进展，OpenAI 公司发布的 GPT-3 实现了高质量的文本生成，极大地推动了 AI 技术的普及和平民化。在 2022 年，StableDiffusion[②]与 DALL-E2 的出现引领了图像生成的革命，使得 AIGC（AI 生成内容）开始进入主流应用，改变了我们对创意内容生成的认知。到了 2024 年，多模态模型如 DeepSeek-R1 与 Janus-Pro 取得了视觉－语言联合推理的重大突破，为机器人技术和医疗诊断等领域的发展注入了新的动力。

2. 中国人工智能的发展路线

中国人工智能的发展历程可划分为五个关键阶段，每个阶段均体现了技术突破、政策支持与产业转型的协同演进。

1）起步与探索阶段（20 世纪 70 年代末—80 年代初）

中国人工智能研究始于 20 世纪 70 年代末，早期中国的研究者多采用"智能模拟"这一术语来替代直接使用"人工智能"，以避免不必要的困扰并持续推进相关领域的探索。为了深入探究人工智能的基础原理和技术应用，研究人员还进行了跨学科的合作，将哲学思考、数学模型及计算机科学等多方面的知识融合起来，为后续的人工智能发展奠定了坚实的理论基础和技术储备。

2）奠基阶段（1986 年—20 世纪 90 年代）

1986 年，中国启动了旨在促进高科技发展的"863 计划"，其中的"智能计算机主题"成为推动国内人工智能研究的核心力量。作为该计划的重要成果之一，曙光一号超级计算机于 1992 年由国家智能计算机研究开发中心（1990 年 3 月成立，现已改名为高性能计算机研究中心）成功研制，显著缩小了中国与国际先进水平之间的差距。

3）低谷与技术积累阶段（20 世纪 90 年代—21 世纪初）

在国际人工智能领域经历"寒冬"，面临资金削减和技术瓶颈的背景下，中国持续支持基础研究，确保了国内 AI 研究的连续性和稳定性。1997 年，基于曙光一号升级的曙光 1000 计算机问世，进一步推动了高性能计算的商业化进程。此阶段的一些成就展示出中国科研人员的努力，并为未来的科技腾飞奠定了坚实的基础。

---

① Transformer 是一种深度学习模型，专为处理序列数据而设计，尤其在自然语言处理（NLP）领域表现出色。
② Stable Diffusion 是 AI 绘画领域的一个开源核心模型，能够进行文生图和图生图等图像生成任务。

4）深度学习与商业化崛起（21 世纪初—21 世纪 10 年代）

随着深度学习的兴起，中国学术界和工业界的紧密合作带来了显著的突破。2017年中国发布的《新一代人工智能发展规划》明确了 AI 作为国家战略的地位，为行业的长远发展提供了坚实的政策保障。

5）大模型与全球竞争阶段（2020 年至今）

随着 ChatGPT 引爆的大模型浪潮，中国在生成式人工智能领域加速追赶，形成了政策与产业双轮驱动的良好态势。2023 年百度推出了对标 ChatGPT 的超大规模语言模型"文心一言"，同年阿里达摩院发布了多模态大模型"通义千问"，而 2024 年 DeepSeek[①]通过算法优化实现了低算力下的国际领先水平，展示了中国在这一领域的快速进步。到 2025 年，中国在 AI 领域的研究取得了显著成就，论文发表量首次超过美国，确立了其作为全球 AI 创新核心国家之一的地位。这些进展和策略共同描绘了中国在生成式 AI 领域积极进取的画面，预示着未来更多的技术突破和社会变革。

3. 人工智能的未来展望

展望未来，人工智能的发展将从当前的专用 AI 迈向通用智能（AGI），这一时期的研究重点将聚焦于突破现有专用 AI 的限制，开发具备跨领域推理能力的通用人工智能系统，以实现更广泛的应用和更高的自主性。随着技术进步和社会对 AI 影响认识的加深，数据隐私、算法偏见及 AI 军事化等问题将促使更为严格的伦理框架和监管措施的形成。此外，在人机协作方面，AI 将进一步融入教育、医疗与制造业等领域，通过增强现实（AR）技术和脑机接口等方式，实现人类与机器之间的无缝协作，提高工作效率和服务质量的同时，还开启全新的交互模式和可能性。

1）技术革新与行业渗透

未来人工智能将呈现多模态融合与通用化发展趋势，以大模型为核心的技术架构将进一步突破认知推理能力边界。通过跨模态感知（如视觉、语音、文本的联合理解）和自适应学习机制，AI 系统可实现从专用型工具向通用型智能体的跃迁。例如，在医疗领域，AI 不仅能分析影像数据，还能结合基因图谱与临床文献生成个性化诊疗方案；在制造业，具备自主决策能力的工业机器人将实现全流程无人化生产。同时，量子计算与类脑芯片的突破将大幅提升算力，使实时处理超大规模复杂场景成为可能。

2）社会重构与教育应对

人工智能的深度应用将重塑社会分工与职业结构，催生"人机协同"的新型工作模式。预计到 2030 年，超过 60% 的现有职业需与 AI 工具深度结合，如律师借助法律

---

① DeepSeek 是一款基于 Transformer 架构的语言模型，采用了多层堆叠和多头自注意力机制，以及残差连接和层归一化等技术，能够更好地捕捉语言特征和上下文信息。

大模型进行案例检索，建筑师通过生成式 AI 优化设计方案。这一趋势要求职业教育强化"智能素养"培养，通过开设 AI ＋专业融合课程（如智能医疗设备维护、AI 辅助设计等），使学习者掌握人机交互、算法调优等核心技能。同时，伦理治理成为关键议题，应关注数据隐私、算法偏见等技术衍生问题，培养负责任的科技应用观。

任务实践

绘制人工智能发展路线图

» 任务内容

梳理人工智能的发展历程，绘制清晰、直观的发展路线图，标注出重要节点和关键时期。

预测并描绘人工智能未来的发展趋势，要涵盖技术、应用、产业等多个方面。

» 实践步骤

（1）资料收集：广泛收集与人工智能相关的历史资料、研究成果、行业分析报告等，确保信息的准确性和全面性。

（2）时间线梳理：根据收集到的资料，按照时间顺序梳理人工智能的发展历程，划分出不同的阶段。

（3）绘制路线图：查询并整理任务知识中人工智能发展历程的重要关键词条，并将人工智能发展的重要事件与时间节点标记在时间轴上。小组合作完成一份详细的时间路线图。路线图样例如图 1-3 所示。

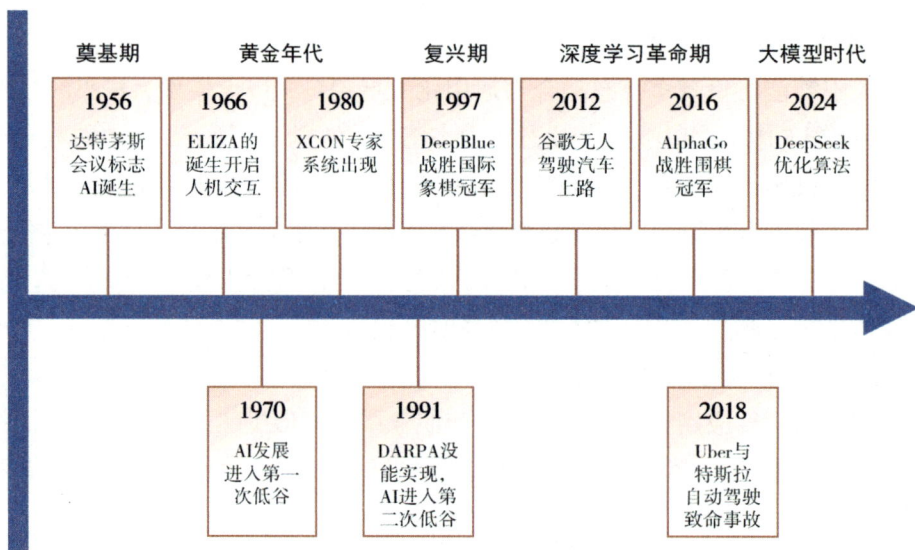

图 1-3　路线图样例

任务实践小册

绘制人工智能发展路线图
任务情境活页工单

姓　名		班　级		学　号	
实训教室		学　时		日　期	
任务书					
任务名称	绘制人工智能发展路线图				
任务描述	通过查阅资料、观看视频、小组讨论等方式，梳理人工智能发展的主要阶段（如起步期、低谷期、复兴期），分析每个阶段的关键技术突破与社会背景，最终以"发展路线图"或"案例分析报告"形式展示人工智能的发展史，并探讨其未来趋势				
任务要求	**任务质量要求：** 　　能全面、准确地梳理人工智能从诞生至今的主要发展阶段。 　　能准确表述每个阶段的关键技术突破。 　　完成的发展路线图正确、清晰、直观、美观。 **职业素养要求：** 　　能主动查阅相关资料，独立思考和分析问题。 　　注重团队合作，尊重团队成员，善于倾听他人的意见和建议。 　　能合理安排时间，制定详细的任务计划，有良好的时间管理习惯				

任务步骤	工作步骤	要求	时间 /min	备注
任务步骤	阅读任务书	了解任务内容	5	
		了解任务要求	5	
	任务实践	完成知识巩固	10	
		完成技能训练	20	

实操评估表

基本信息	姓　名		学　号		班　级		组　别	
	规定时间		完成时间		考核日期		总评成绩	
考核内容	序号	内容		评分标准			标准分	评分
	1	人工智能的主要发展阶段		内容技术演进路径合理，路线图阶段划分清晰			20	
	2	人工智能主要发展阶段的关键技术突破		内容完整，路线图涵盖关键事件			20	
	3	使用思维导图工具完成人工智能发展路线图制作		路线图的绘制规范，符号、颜色等使用得当，图表美观，文字表述准确			30	
	4	中国人工智能发展阶段中的关键技术突破		能阐述中国人工智能发展的技术特征及关键技术			20	
	5	团结协作		1. 分工明确，工作任务目标明确，工作量明确，执行进度安排合理，获得5分。 2. 分工较为明确，工作任务目标较为明确，工作量较为明确，执行进度安排较为合理，获得1~4分。 3. 分工不明确，工作任务目标不明确，工作量不明确，执行进度安排不合理，不得分			5	
	6	沟通表达		1. 愿意沟通，善于沟通，获得3分。 2. 愿意沟通，但不善于沟通，获得1~2分。 3. 不愿意沟通，不得分			3	
	7	工单填写		1. 完整完成工单，获得2分。 2. 未完整完成工单，不得分			2	
教师评语								

任务3　保障人工智能安全

任务导入

2023年，某医疗机构引入了一套先进的AI医疗系统，旨在提高诊断准确性和效率。然而，在系统运行一段时间后，出现了一系列严重问题。经调查发现，由于算法存在缺陷，该系统在疾病诊断过程中出现了高达10%的误诊率。许多患者因错误的诊断结果接受了不必要的治疗，不仅承受了身体和经济上的双重负担，还对医疗机构的信任度大幅下降。这一事件引发了广泛的社会关注，涉事医疗机构也面临着法律诉讼和声誉受损的双重危机。

课堂讨论

通过以上案例可以看出，AI医疗系统的安全风险不容忽视。一个看似微小的算法缺陷，可能会对患者的生命健康造成严重威胁，也会给医疗机构带来巨大的损失。那么，在智能医疗诊断系统案例中，又存在哪些安全风险呢？如何对这些风险进行有效的评估和管理呢？

任务目标

» 知识目标

理解人工智能安全风险的定义和内涵；

掌握人工智能安全风险的分类；

理解人工智能伦理的核心原则及其在不同场景下的具体内涵；

了解人工智能伦理争议的常见类型及其产生的根源和影响。

» 能力目标

能够根据应用场景识别出人工智能存在的风险；

会使用漏洞扫描工具、安全评估工具；

能够运用伦理矩阵等工具对人工智能案例进行分析；

能够识别出不同利益相关者的伦理冲突点。

培养严谨的技术风险意识，能够时刻保持警惕，主动识别和防范风险；

增强安全责任意识，积极倡导和践行符合伦理道德的技术应用。

» **任务重难点**

重点：了解涵盖人工智能系统各个层面和环节的风险点；

难点：能够准确地运用风险评估工具和漏洞扫描工具进行风险评估和漏洞检测。

任务知识

1. 人工智能安全风险

人工智能安全风险是指在人工智能系统的整个生命周期中，由于技术局限性、外部恶意攻击、数据质量问题及应用场景的复杂性等因素，导致人工智能系统出现故障、被恶意利用或产生不可预测的行为，从而对个人、组织、社会安全造成潜在威胁的可能性。

人工智能系统基于复杂的算法、模型和大量数据运行。算法的缺陷、模型的不准确性，数据的偏差等，都可能导致系统产生错误的结果或行为。在社会层面，人工智能的广泛应用可能引发一系列社会问题：一方面，它可能导致大量的就业岗位被替代，造成结构性失业，进而影响社会稳定；另一方面，人工智能系统的决策过程缺乏透明度，人们难以理解其决策依据和逻辑，这可能引发公众对人工智能的信任危机。人工智能系统可能被恶意利用或成为攻击目标。攻击者能通过对训练数据进行投毒攻击，篡改数据的标签或内容，使人工智能模型学习到错误的模式，从而在推理阶段产生错误的结果。人工智能系统在网络空间中的应用也面临着传统的网络安全威胁，如黑客攻击、数据泄露等，这些都可能导致人工智能系统的安全风险。

2. 人工智能安全风险分类

1）技术类风险

（1）算法与模型风险：人工智能算法和模型的设计可能存在缺陷，导致其在某些情况下产生错误或不稳定的结果。

（2）系统集成风险：当人工智能系统与其他复杂的信息系统集成时，可能会出现兼容性问题和接口故障。

2）数据类风险

（1）数据质量风险：人工智能系统的性能高度依赖于训练数据的质量。如果数据存在偏差、不完整或错误，可能会导致模型产生不公平或不准确的结果。

（2）数据隐私与安全风险：人工智能系统通常需要大量的个人数据来进行训练和学习，这些数据可能包含敏感信息。如果在数据的收集、存储、传输和使用过程中存在安全漏洞，可能会导致个人隐私数据泄露。

3）外部攻击风险

（1）对抗攻击风险：攻击者通过精心设计的对抗样本，对人工智能系统进行攻击，使其产生错误的分类或决策。

（2）数据投毒攻击风险：攻击者在人工智能系统的训练数据中注入恶意数据，从而改变模型的学习结果，使模型在推理阶段产生错误的输出。

4）其他风险

（1）关键领域应用风险：在医疗、金融、交通等关键领域，人工智能系统的错误决策可能会带来严重的后果。

（2）社会与伦理风险：人工智能的广泛应用可能会引发一系列社会和伦理问题。当人工智能系统做出决策或采取行动时，很难确定责任在于开发者、使用者还是系统本身，这也给法律和伦理规范带来了挑战。

3. 人工智能安全评估工具

1）谷歌 SAIF 工具

谷歌SAIF（Google's Secure AI Framework，谷歌安全人工智能框架）以问卷形式进行，用户在回答相关问题后，能获得定制化的风险检查清单。该工具涵盖训练、调优等多个主题，并生成报告指明 AI 系统的安全风险，同时提供解析和缓解建议。

2）腾讯 AI-Infra-Guard

AI-Infra-Guard（AI 基础设施安全评估工具）是一个开源的高效、轻量级 AI 基础设施安全评估工具，旨在发现和检测 AI 系统中的潜在安全风险。它支持 28 种 AI 框架的指纹识别，涵盖 200 多个安全漏洞数据库，能够快速扫描和识别漏洞。工具开箱即用，无须复杂配置，提供灵活的 YAML 规则定义和匹配语法。用户可以通过本地扫描、指定目标或从文件读取目标等多种方式进行安全评估，还能结合 AI 分析功能进一步提升检测能力。

3）漏洞扫描工具

漏洞扫描工具可对人工智能系统的网络、服务器、应用程序等进行扫描，发现存在的安全漏洞，如网络端口开放情况、系统软件的漏洞、应用程序的安全隐患等，并生成扫描报告，用户可根据报告进行针对性的修复和改进。

4）代码审查工具

代码审查工具对人工智能系统的源代码进行静态分析，检查代码的语法、结构和逻辑，识别出可能存在的安全漏洞和不良编程习惯。同时，代码审查工具可以结合人工审查，对一些复杂的业务逻辑和关键代码片段进行深入分析，确保代码的安全性和可靠性。

4. 人工智能伦理

1）人工智能活动应遵循的伦理规范

（1）增进人类福祉。坚持以人为本，遵循人类共同价值观，尊重人权和人类根本利益诉求，遵守国家或地区伦理道德；坚持公共利益优先，促进人机和谐，改善民生，增强获得感幸福感，推动经济、社会及生态可持续发展，共建人类命运共同体。

（2）促进公平公正。坚持普惠性和包容性，切实保护各相关主体合法权益，推动全社会公平共享人工智能带来的益处，促进社会公平正义和机会均等。在提供人工智能产品和服务时，充分尊重和帮助弱势群体、特殊群体，并根据需要提供相应替代方案。

（3）保护隐私安全。充分尊重个人信息知情、同意等权利，依照合法、正当、必要和诚信原则处理个人信息，保障个人隐私与数据安全，不得损害个人合法数据权益，不得以窃取、篡改、泄露等方式非法收集利用个人信息，不得侵害个人隐私权。

（4）确保可控可信。保障人类拥有充分自主决策权，用户有权选择是否接受人工智能提供的服务，有权随时退出与人工智能的交互，有权随时中止人工智能系统的运行，确保人工智能始终处于人类控制之下。

（5）强化责任担当。坚持人类是最终责任主体，明确利益相关者的责任，全面增强责任意识，在人工智能全生命周期各环节自省自律，建立人工智能问责机制，不回避责任审查，不逃避应负责任。

（6）提升伦理素养。积极学习和普及人工智能伦理知识，客观认识伦理问题，不低估或夸大伦理风险。主动开展或参与人工智能伦理问题讨论，深入推动人工智能伦理治理实践，提升应对能力。

2）伦理分析工具

（1）波特图式：通过定义问题、识别价值观、考虑原则和做出决定四个步骤帮助人们思考和解决伦理困境。例如在分析智能医疗诊断系统的伦理问题时，可以使用波特图来梳理问题的本质，明确涉及的价值观（如患者的隐私权、医生的职业责任等），考虑相关的伦理原则（如不伤害原则、尊重自主原则等），最终做出合理的决策。

（2）伦理矩阵：将不同的伦理原则与利益相关者的权益相结合，形成一个矩阵，用于评估和分析人工智能系统在不同情境下的伦理影响。例如在智能医疗诊断系统中，可以通过伦理矩阵来识别不同利益相关者（患者、医生、医院等）在隐私保护、公平性等方面的权益诉求，以及系统的行为是否符合相应的伦理原则，从而找出潜在的伦理冲突点。

5. 人工智能安全防范措施

1）技术防御：对抗攻击与数据隐私保护

人工智能安全的核心在于构建多层防护体系。在技术层面，需通过对抗样本检测机制和模型鲁棒性增强技术防范恶意攻击，例如采用异常检测算法识别篡改输入数据的行为。同时，需强化数据全生命周期管理，包括敏感信息加密脱敏、访问权限分级控制等，防范数据泄露风险。针对隐私保护，可引入联邦学习和差分隐私算法，确保模型训练过程中用户信息的匿名化处理。此外，通过生物特征识别技术（如虹膜、声纹等）替代传统密码验证，可有效抵御 AI 换脸、语音合成等新型诈骗手段。

2）行业落地：场景化安全体系构建

不同行业需结合业务特性定制安全方案。在金融领域，需建立 AI 交易行为监测系统，实时识别异常转账指令，通过多重验证机制拦截 AI 模拟的虚假视频通话诈骗。在工业场景中，通过物联网传感器实时监测设备运行状态，结合预测性维护算法规避机械故障风险，如隧道施工中利用地质雷达预警土壤结构异常。在医疗行业，需构建患者数据分级授权体系，通过区块链技术实现诊疗记录的可追溯性，防止 AI 辅助诊断中的信息滥用。行业实践中还需定期开展渗透测试与漏洞扫描，例如智慧校园平台通过安防系统联动实现异常入侵的快速响应。

3）社会协同：伦理规范与治理机制

人工智能安全需建立多方协同治理框架。政策层面应加快制定技术标准与法律法规，如明确 AI 生成内容的标识义务，要求 AI 生成视频添加数字水印。企业需构建 AI 伦理审查委员会，在算法开发阶段植入公平性评估模块，防止招聘、信贷等场景的算法歧视。公众教育同样关键，可通过案例教学普及防范知识，例如引导用户识别 AI 伪造的紧急求助信息，避免陷入"伪造亲属受困"类诈骗陷阱。在国际上需推动跨境数据流动规则的制定，建立 AI 安全事件联合应对机制，形成全球协同治理网络。

任务实践 🔗

制定人工智能安全策略

» **任务内容**

研究并设计一套完整的防范"AI换脸"诈骗的安全策略，分析其中存在的安全隐患，并提出相应的安全防范措施。最终，每个小组需要提交一份安全策略报告，并在课堂上进行展示。

» **实践步骤**

（1）资料收集与分析：小组成员查阅相关文献和技术资料，了解所"AI换脸"场景的基本原理及其潜在的安全风险，讨论分析"AI换脸"中可能存在的安全隐患，包括但不限于数据隐私泄露、算法偏见、恶意攻击等。

（2）制定安全策略：根据分析结果，制定一套全面的防范"AI换脸"诈骗安全防护措施。策略需具备可操作性，能够有效降低或消除已识别的风险。

（3）撰写报告与演示：编写一份详细的安全策略报告，内容包括背景介绍、风险分析、解决方案及实施建议。以幻灯片形式在课堂展示。

任务实践小册

制定人工智能安全策略
任务情境活页工单

姓　名		班　级		学　号	
实训教室		学　时		日　期	

任务书					

任务名称	制定人工智能安全策略				
任务描述	近年来，随着人工智能技术的进步，一些不法分子开始利用AI技术融合他人面孔和声音，制造非常逼真的合成图像来实施新型网络诈骗，这类骗局常常会在短时间内给被害人造成较大损失。制定针对以上情境的人工智能安全策略				
任务要求	**任务质量要求：** 能够根据应用场景识别出人工智能存在的风险。 能够根据需求分析案例中可能存在的安全隐患。 能够制定一套全面的安全防护措施。 **职业素养要求：** 具有良好的沟通能力，能在小组内交流沟通。 具有良好的职业意识，懂得奉献，懂得协作。 具有团队合作精神，有意识培养团队凝聚力				

任务步骤	工作步骤	要求	时间/min	备注
	阅读任务书	了解任务内容	5	
		了解任务要求	5	
	任务实践	完成知识巩固	10	
		完成技能训练	20	

实操评估表

基本信息	姓　名		学　号		班　级		组　别	
	规定时间		完成时间		考核日期		总评成绩	
考核内容	序号	内容		评分标准			标准分	评分
	1	根据应用场景识别出人工智能存在的风险		能表述人工智能安全风险的类型，分析深入且全面			20	
	2	根据需求分析可能存在的安全隐患		对潜在风险的识别准确，分析有条理且充分			20	
	3	根据要求制定人工智能防范策略		提出的防护措施科学合理，具备可行性			30	
	4	编写一份详细的安全策略报告		报告结构清晰，语言表达流畅，展示吸引人			20	
	5	团结协作		1.分工明确，工作任务目标明确，工作量明确，执行进度安排合理，获得5分。 2.分工较为明确，工作任务目标较为明确，工作量较为明确，执行进度安排较为合理，获得1~4分。 3.分工不明确，工作任务目标不明确，工作量不明确，执行进度安排不合理，不得分			5	
	6	沟通表达		1.愿意沟通，善于沟通，获得3分。 2.愿意沟通，但不善于沟通，获得1~2分。 3.不愿意沟通，不得分			3	
	7	工单填写		1.完整完成工单，获得2分。 2.未完整完成工单，不得分			2	
教师评语								

拓展延伸

AI 技术应用场景调研与创意设计

　　智能垃圾分类系统是城市环保领域的新宠，它是一种集科技与环保于一体的创新解决方案。通过运用物联网、人工智能等先进技术，智能垃圾分类系统实现了垃圾的精准分类和高效管理。这套系统首先通过图像识别技术，对丢入垃圾桶的垃圾进行拍照，然后通过算法快速分析出垃圾的类别。同时，它还配备了语音提示功能，当用户正确投放垃圾时会给予表扬，反之，对错误的投放则会给出指导建议，提高公众的垃圾分类意识。智能垃圾分类系统还具备数据收集和分析功能。它能实时记录每种垃圾的投放量，生成数据分析报告，为城市管理者提供决策依据，帮助他们优化垃圾处理设施布局，减少环境污染，提升资源利用率。

　　请对校园内垃圾处理情况展开调研，根据调研结果设计一个基于 AI 技术的校园智能垃圾分类系统，描述解决方案的功能、技术实现方式及其社会价值。成果以幻灯片或海报形式展示。

智能设备助力
垃圾分类

巩固提升

单选题

1. 被认为是"人工智能之父"的科学家是（　　　）。

　　A. 阿兰·图灵　　　　　　　　B. 约翰·麦卡锡

　　C. 马文·明斯基　　　　　　　D. 克劳德·香农

2. 下列（　　　）不是达特茅斯会议的主要讨论主题。

　　A. 自动计算机　　　　　　　　B. 编程语言

　　C. 智能行为的模拟　　　　　　D. 生物工程技术

3. 在图灵测试中，如果评判者无法区分机器与人类，这表明（　　　）。

　　A. 机器具有自我意识　　　　　B. 机器通过了图灵测试

　　C. 机器可以完全替代人类工作　D. 评判者的判断能力不足

4. （　　　）不属于 AI 的三大支柱。

    A. 数据   B. 算法

    C. 计算力   D. 伦理道德

5. 深度学习是一种基于（　　　）进行学习的方法。

    A. 决策树   B. 神经网络

    C. 支持向量机   D. 贝叶斯网络

6. AI 领域的"模仿游戏"实验是由（　　　）提出的。

    A. 艾伦·纽厄尔   B. 赫伯特·西蒙

    C. 艾伦·图灵   D. 约翰·冯·诺依曼

7. （　　　）是中国在 AI 领域的重要贡献。

    A. AlphaGo   B. 悟道 2.0

    C. IBMWatson   D. DeepMind

8. （　　　）不属于 AI 的应用范畴。

    A. 语音识别   B. 图像处理

    C. 区块链技术   D. 自然语言处理

9. 关于 AI 伦理治理的原则，下列说法中正确的是（　　　）。

    A. 不需要考虑社会影响   B. 应该强调公平性和透明度

    C. 只需关注经济效益   D. 技术发展优先于一切

10. 人工智能安全风险是指在其系统整个生命周期中，因多种因素导致对各方面造成潜在威胁的可能性，以下不属于这些因素的是（　　　）。

    A. 技术先进性   B. 外部恶意攻击

    C. 数据质量问题   D. 应用场景复杂性

11. 图像识别系统因训练数据偏差对特定种族或性别产生误判，这体现了人工智能安全风险内涵中（　　　）层面的问题。

    A. 社会   B. 安全   C. 技术   D. 伦理

12. 深度学习模型出现过拟合现象，属于（　　　）。

    A. 数据类风险   B. 外部攻击风险

    C. 社会与伦理风险   D. 技术类风险

13. 在招聘系统中，因训练数据存在性别或种族偏见导致人工智能模型产生歧视性结果，这属于（　　　）。

    A. 系统集成风险   B. 数据质量风险

    C. 对抗攻击风险   D. 关键领域应用风险

14. 在企业人工智能数据中心通过防火墙设置访问规则，这属于（　　　　）策略。

    A. 算法安全　　　　　　　　　　B. 数据安全

    C. 系统安全　　　　　　　　　　D. 应用安全

15. 开发智能客服应用时，在需求分析阶段明确数据安全要求，遵循了（　　　　）策略。

    A. 算法安全　　　　　　　　　　B. 数据安全

    C. 系统安全　　　　　　　　　　D. 应用安全

简答题

1. 简述人工智能的发展历程及代表性事件。

2. 举例说明数据隐私与安全风险在人工智能系统中的体现。

3. 举例说明人工智能在机器自主性方面可能面临的伦理问题。

自然语言应用

项目导入

　　在某跨境电子商务园区，"00后"运营专员小林正通过智能翻译系统与西班牙客户洽谈合作。系统实时生成的西班牙语邮件不仅准确传达商务条款，还根据客户文化背景自动优化了问候用语。与此同时，杭州某医院的智能导诊台正用方言与老年患者流畅对话，准确识别"心口闷""头晕乎乎"等口语化症状描述。这些场景背后，正是自然语言处理（NLP）技术重塑人机交互方式的生动写照。当前，自然语言处理技术已从实验室走向产业一线，形成了"工具应用+场景创新"的双轮驱动模式。

　　本项目围绕"工具应用能力培养"与"场景化方案设计"两大主线展开。通过真实产业案例拆解，掌握NLP技术的基础逻辑，更能习得将通用技术转化为垂直场景解决方案的核心能力。

项目案例

» 案 例

"语联未来"破解跨国教育困局
——从语言隔阂到智慧课堂的进阶之路

某新兴在线教育企业在拓展南美市场时遭遇语言本地化难题，其开发的葡萄牙语智能课件将数学术语"等差数列"直译为"sequência numérica regular"，而未采用巴西教育体系通用的"Progressão Aritmética"，导致60%的学员无法理解课程内容；智能辅导系统因无法识别学生口语化的"não to conseguindo"（口语"我做不到""我没法办到"），反复推送标准解题步骤，使25%的用户中途退课；AI教师"Edu"虽能流利讲解知识点，但单调的语音与呆板的虚拟形象，使得课堂互动率低于行业平均水平40%。

针对用户留存率持续走低的困境，企业技术团队自主研发"语联未来"智能教学中枢，构建教育术语翻译引擎、情感化对话系统、沉浸式虚拟教师三大核心模块。系统上线后，该企业南美区月活用户增长78%，并入选2024年全球教育科技峰会"最佳AI教学方案"。

» 案例思考

（1）教育领域的机器翻译如何平衡学术严谨性与教学口语化表达的双重需求？

（2）情感化对话系统的反馈延迟对学习效果会产生何种影响？

（3）虚拟教师的多模态设计是否存在过度拟真带来的"恐怖谷效应"风险？

任务1　机器翻译

任务导入

跨境无忧

——电子商务产品描述翻译优化实战

　　某跨境电子商务平台在德国市场销售中国制造的智能手表时，将产品参数中的"防水等级 IP68"翻译为"Wasserfest Stufe IP68"，而未使用德语中的规范表述"Wasserdichtigkeit IP68"，导致消费者误以为产品可于游泳时佩戴，引发23%的退货率。此外，该平台法语版将某商品标题中的"无线充电"直译为"charge sans fil"，而未使用法国电子商务平台常用的"chargeur sans fil"（无线充电器），导致商品搜索结果匹配度下降40%。

课堂讨论

　　电子商务翻译是否需要统一术语，还是允许商家保留个性化表述？如何快速识别新兴商品类目（如"碳中和产品"）的翻译需求？能否通过用户搜索词自动扩充术语库？

任务目标

》　知识目标

掌握翻译质量评估标准：理解 BLEU/TER 等技术指标的内涵与应用场景；

熟悉翻译工具生态：认知 CAT 工具、术语库管理系统、质量评估平台的协同工作机制；

了解行业翻译规范：掌握科技、商务、法律等领域的翻译质量控制要点。

》　能力目标

文本校对能力：能识别机器翻译常见错误类型（术语错译、逻辑断裂、搭配不当）；

表达优化能力：具备将直译表达转化为符合目标语表达习惯的能力；

工具应用能力：熟练使用至少一种主流翻译优化工具完成基础操作。

培养职业责任心：通过医疗、法律等严肃领域文本翻译，建立"翻译即责任"的职业意识；

提升团队协作力：采用小组分工模式，培养翻译项目管理中的沟通、协调能力；

激发创新意识：鼓励优化方案创新，培养翻译技术问题解决能力。

» 任务重难点

重点：掌握主流翻译工具的核心功能，并通过工具组合提升译文质量；

难点：文化负载词的处理，复杂句式优化。

任务知识

1. 机器翻译的定义与技术定位

机器翻译（Machine Translation，MT）是通过计算机算法将一种自然语言文本自动转换为另一种自然语言文本的过程，其核心目标在于跨越语言屏障，实现信息的高效流通。译文优化则是在机器翻译输出结果的基础上，通过人工或算法干预，进一步提升翻译的准确性和流畅性，使其更符合目标语言的表达习惯和专业场景需求。

2. 从规则系统到神经网络的演进

1）萌芽期：规则系统与早期探索（20世纪50—90年代）

（1）语言学驱动：早期系统（如1954年乔治敦实验）依赖双语词典和语法规则，将俄语翻译为英语，但受限于规则复杂性和语言多样性。

（2）ALPAC报告争议：1966年，美国语言自动处理咨询委员会（ALPAC，Automatic Language Processing Advisory Committee）发布报告，批评机器翻译进展缓慢，引发资金削减，导致相关研究陷入低谷。

2）突破期：统计模型与数据驱动（20世纪90年代—2015年）

（1）统计机器翻译（SMT，statistical machine translation）：一种基于概率统计理论的机器翻译方法，诞生于20世纪90年代。他的核心思想是将翻译视为概率问题，通过分析大量双语语料库的统计规律，建立源语言到目标语言的翻译模型，通过计算词汇和短语共现概率生成译文，显著提升了翻译质量。

（2）谷歌翻译的崛起：2006年，谷歌翻译上线，它整合了互联网的海量数据，支持多语种互译（最初仅支持阿拉伯语、中文、英文和西班牙语四种语言），虽然其翻译质量有待提高，但使得机器翻译进入大众视野。

3）革命期：神经网络的颠覆性创新（2015 年至今）

神经网络机器翻译（NMT，neural machine translation）技术的突破带来机器翻译质量的飞跃，它通过神经网络模型实现源语言到目标语言的端到端映射，实现更自然、流畅的翻译效果。

4）产业融合：从实验室到全球化基建

（1）垂直领域渗透：医疗翻译（如 IBM Watson）、法律翻译（如合同自动翻译工具）、电子商务翻译（如阿里巴巴全球速卖通 AliExpress 翻译系统）等领域专用模型纷纷涌现。

（2）实时翻译生态：结合语音识别（ASR，automatic speech recognition）和语音合成（TTS，text-to-speech），实现会议同传（如 Zoom 实时翻译）、跨国客服等场景的无缝沟通。

国内的科技公司，如腾讯、百度、字节跳动等，也分别在 NMT 的基础上推出各自的智能优化解决方案，腾讯云推出"翻译质量评估＋自动化后编辑"一体化平台，百度发布"文心"大模型驱动的交互式优化工具，字节跳动开发基于 Transformer 架构的多模态优化引擎，等等。

3. 产业变革的实战图景

1）在科技领域的应用

华为开发了技术术语自动校准模块，使用机器翻译＋优化系统完成 5G 白皮书多语言版本，在确保专利翻译精确性的同时，效率提升 40%。

腾讯游戏使用智能优化平台完成部分游戏海外版的翻译，用户满意度达 92%，同时还实现游戏内动态文本的实时优化。

2）在商务领域的应用

平安集团采用定制金融引擎处理年报翻译，集成财务标签自动转换功能，顺利通过相关部门的合规审查。

科大讯飞为某法院开发裁判文书翻译系统，增加法律术语强制校验模块，翻译准确率超 98%。

3）在文化领域的应用

字节跳动的"火山翻译"开发出古诗词意境适配算法，助力国产电影《长安三万里》的字幕优化，实现中华优秀文化的等效传递。

腾讯云为故宫博物院的智慧导览系统提供翻译优化，结合 AR 场景进行语境化翻译，日均服务游客超 5 万人次。

4）在公共服务领域的应用

阿里云为"一带一路"共建国家开发政务服务平台，包含政策文本合规性检查模块，支持 12 种语言的实时翻译。

讯飞医疗为海外患者提供病历翻译优化服务，实现医学实体识别与归一化处理，且通过 HIPAA 隐私认证。（HIPAA 全称为 Health Insurance Portability and Accountability Act of 1996，即 1996 年美国《健康保险可携性和责任法案》）

任务实践

智能翻译与基础优化

» 任务内容

使用翻译平台进行智能翻译模型训练与测试，针对翻译结果进行翻译效果的优化，并探索提升翻译效率的方法。

智能翻译与
基础优化

» 实践步骤

（1）登录有道翻译平台，如图 2-1 所示。

图 2-1　有道翻译 AI 助手

上传原始文本或文档进行在线翻译，如图 2-2 所示。查看翻译结果。

图 2-2　上传原始文本

（2）登录百度翻译平台，输入原始文本或文档，如图 2-3 所示。进行在线翻译，查看翻译结果。

图 2-3　百度翻译平台

（3）登录讯飞智能翻译平台，如图 2-4 所示。在左侧输入原始文本，右侧显示翻译结果。

图 2-4　讯飞智能翻译平台

（4）登录讯飞智能翻译平台，按住"语音"按钮录入声音，如图 2-5 所示，在右侧查看翻译结果。

图 2-5　语音翻译

（5）登录 DeepL 翻译平台，如图 2-6 所示。输入原始文本或文档进行在线翻译，在右侧查看翻译结果。

图 2-6　DeepL 翻译平台

（6）质量评估。根据表 2-1 所示评价标准对机器翻译内容进行评价，将所得分数填入表 2-2 。若有使用其他平台翻译，则补充到表 2-2 中。

表 2-1　评价赋分标准

评估维度	5 星标准（★★★★★）	3 星标准（★★★）	1 星标准（★）
流畅度	自然通顺，无语法错误	少量语序问题	严重机翻腔
准确性	100% 传达原意	关键信息正确	严重误译
术语一致性	全篇术语统一	偶尔用词差异	术语混乱
格式保留	完全保留原文格式	基本格式正确	格式错乱

表 2-2 对机器翻译内容的评分

平台	流畅度	准确性	术语一致性	格式保留
有道翻译	☆☆☆☆☆	☆☆☆☆☆	☆☆☆☆☆	☆☆☆☆☆
百度翻译	☆☆☆☆☆	☆☆☆☆☆	☆☆☆☆☆	☆☆☆☆☆
讯飞智能翻译	☆☆☆☆☆	☆☆☆☆☆	☆☆☆☆☆	☆☆☆☆☆
DeepL 翻译	☆☆☆☆☆	☆☆☆☆☆	☆☆☆☆☆	☆☆☆☆☆
	☆☆☆☆☆	☆☆☆☆☆	☆☆☆☆☆	☆☆☆☆☆

（7）术语修正。实行三步修正法：对照核查、标记错误、统一替换。

①对照核查：借助词典或专业网站（如术语在线）验证术语的准确性。

②标记错误：用红色标出各平台译文中的术语错误。

③统一替换：建立修正记录表，批量替换错误术语。

修正记录表如表 2-3~ 表 2-5 所示（在各平台中选择其中 2~3 个填入）。

表 2-3 修正记录表 1

智能翻译平台	
原文内容	
机器译文内容	
需修正内容	
修正后的译文	

表 2-4　修正记录表 2

智能翻译平台	
原文内容	
机器译文内容	
需修正内容	
修正后的译文	

表 2-5　修正记录表 3

智能翻译平台	
原文内容	
机器译文内容	
需修正内容	
修正后的译文	

任务实践小册

智能翻译与基础优化
任务情境活页工单

姓 名		班 级		学 号	
实训教室		学 时		日 期	

任务书					

任务名称	智能翻译与基础优化				
任务描述	聚焦培养 AI 翻译质量管控能力，通过"技术翻译—术语校准—多版本比对—协作交付"四步实战，掌握机器翻译优化核心技能，输出符合专业场景需求的中英双语文档				

任务要求	**任务质量要求：** 术语翻译符合行业标准，关键术语正确率达 90% 以上，技术概念翻译准确无误。 中文表达自然流畅，避免直译导致的生硬表达，需符合目标语言表达习惯。 每百字完成至少 8 处有效修改，修改需涵盖直译修正、术语校准、语序调整三大类型。 **职业素养要求：** 具有良好的沟通能力，能在小组内交流沟通。 具有良好的职业意识，懂得奉献，懂得协作。 具有团队合作精神，有意识培养团队凝聚力				

任务步骤	工作步骤	要求	时间 /min	备注
	阅读任务书	了解任务内容	5	
		了解任务要求	5	
	任务实践	完成知识巩固	10	
		完成技能训练	20	

实操评估表

基本信息	姓 名		学 号		班 级		组 别	
	规定时间		完成时间		考核日期		总评成绩	
考核内容	序号	内容		评分标准		标准分	评分	
	1	多平台翻译操作		能正确使用3个及以上平台完成文本翻译，能正确记录并对比不同平台对关键句子的翻译差异		20		
	2	质量评估		能从流畅度、准确性、术语一致性、格式保留4个维度评估译文		25		
	3	术语修正		能够准确识别并修正核心术语错误，能建立术语对照表并统一全文术语		25		
	4	翻译效率优化		实现至少一种提高翻译效率的方法		20		
	5	团结协作		1.分工明确，工作任务目标明确，工作量明确，执行进度安排合理，获得5分。 2.分工较为明确，工作任务目标较为明确，工作量较为明确，执行进度安排较为合理，获得1~4分。 3.分工不明确，工作任务目标不明确，工作量不明确，执行进度安排不合理，不得分		5		
	6	沟通表达		1.愿意沟通，善于沟通，获得3分。 2.愿意沟通，但不善于沟通，获得1~2分。 3.不愿意沟通，不得分		3		
	7	工单填写		1.完整完成工单，获得2分。 2.未完整完成工单，不得分		2		
教师评语								

任务2　智能客服

电子商务场景下的用户体验升级

随着电子商务行业的快速发展，消费者对购物体验的要求日益提高。某中型电子商务平台在某次大型促销期间，因用户咨询量激增，传统人工客服团队面临严重响应延迟问题。据统计，活动期间客户咨询平均等待时间超过 8 分钟，导致用户满意度下降 15%，部分用户因问题未及时得到解决而取消订单。为优化服务效率，平台技术团队引入智能客服系统，但初期上线效果并不理想：机械化的回复，无法准确理解用户意图（如将"退换货流程"错误识别为"商品咨询"），复杂问题仍需转交人工处理，等等。

针对这一系列问题，技术团队联合客服部门启动对话训练优化项目。通过分析历史对话数据，团队发现了意图识别偏差、多轮对话断裂、情感感知缺失等痛点。

基于分析，团队采用"场景化语料库＋情感计算"优化方案，对智能客服进行迭代训练。训练后，系统意图识别准确率提升至 92%，多轮对话完成率提高 35%，用户满意度升至 89%。特别是在处理物流查询、退换货等高频场景时，系统可主动推送解决方案（如一键生成退货申请单），显著减少了人工介入。

课堂讨论

智能客服优化中涉及哪些核心技术？有哪些优化方向？在对话设计中，如何平衡标准化流程与个性化服务？

任务目标

》 知识目标

掌握智能客服基础原理，理解自然语言处理在对话系统中的角色；

熟悉对话训练流程，掌握关键环节的工具使用方法；

熟悉电子商务、电信等领域的客服沟通规范，理解用户满意度评价指标。

» 能力目标

能使用工具清洗、标注真实对话语料，建立场景化训练集；

根据场景需求，绘制多轮对话流程图，设计引导用户完成目标的路径。

» 素养目标

能够与小组成员分工协作，共同完成对话语料的标注、流程设计及效果测试等环节，培养职场中的沟通协同能力；

理解用户体验对客服工作的重要性，在对话设计中体现同理心与解决问题的导向性思维。

» 任务重难点

重点：结合真实业务场景（如物流延迟、商品咨询）设计自然流畅的对话逻辑，避免机械式问答；

难点：多轮对话的上下文管理，保持对话连贯性。

任务知识

1. 智能客服的发展

智能客服与传统客服的对比如表2-6所示。

表2-6　智能客服与传统客服的对比

维度	智能客服	传统人工客服
响应速度	全天候秒级响应，支持并发处理	受人力限制，高峰期等待时间长
知识更新	实时接入数据库，动态更新信息	需定期培训，知识同步滞后
服务标准化	统一话术规范，避免人为失误	受个体情绪、经验影响，服务质量波动
成本结构	前期投入高，边际成本趋近于零	人力成本占主导，随规模线性增长

智能客服的主要行业价值如下：

（1）降低运营成本：通过智能语音门户实现人工分流，降低平均通话时长，大幅降低人工座席总时长。

（2）提高工作效率：运用语义分析技术实时理解通话，辅助客服应答，提升服务效率。

（3）增进用户体验：智能语音门户即呼即通，自然语音沟通直接明了，减少用户操作步骤，大幅改善用户友好度。

（4）改进组织流程：以 AI 替代人工完成简单重复工作任务，释放宝贵的人力资源。

（5）强化过程监管：实现客服语音的全程质监，助力企业重塑流程，优化资源配置。

2. 智能客服对话训练

智能客服对话训练是通过机器学习与自然语言处理技术，结合领域知识库与对话数据，对客服系统的语义理解、逻辑推理和交互能力进行优化的过程。其核心目标是让机器能够理解用户意图、生成自然流畅的回复，并在多轮对话中保持上下文一致性，最终替代或辅助人工完成重复性高、标准化强的客服工作。

智能客服对话技术基于自然语言处理与多模态交互引擎的深度协同。系统首先通过语音识别或文本输入接收用户请求，经预训练语言模型进行语义解析，结合上下文会话历史与用户画像（如消费记录、情绪状态）识别意图。例如，用户提问"订单延迟怎么办"会被拆解为"物流查询、异常处理"双意图，同时调用知识图谱关联退货政策、物流公司接口数据。随后，对话管理模块采用强化学习策略生成应答逻辑：简单咨询（如密码重置）由规则引擎直接触发预设流程；复杂场景（如保险理赔争议）则通过生成式模型动态构建多轮对话路径，并实时插入澄清问题（如"您指的是 3 月 25 日的订单吗？"）以消解歧义。最终，应答内容经风格迁移模型适配用户习惯（如年轻群体偏好表情符号、老年用户需要放大字体语音播报），通过 TTS 合成或图文界面输出，形成"感知－决策－反馈"闭环。

在技术实现中，上下文理解与实时优化是两大难点。当前主流方案依托长序列模型，通过注意力机制捕捉跨轮次对话的隐性关联（如用户连续三次追问"费用"可能触发人工坐席介入预警）；同时，基于联邦学习的增量训练框架使系统能动态吸收用户反馈数据（如标注"回答不准确"的案例），在不泄露隐私的前提下优化意图分类器。

多模态交互技术可进一步扩展能力边界，如视觉客服可通过摄像头识别用户手持商品型号，结合手势分析提供精准指导；情绪感知模块可根据声纹颤抖度、语速变化等调整话术，从"机械应答"转向"共情沟通"。这些技术已在金融、电子商务、政务等领域应用，取得了良好效果。

3. 从规则引擎到深度学习的技术演进

1）萌芽期：基于规则的专家系统（20 世纪 60 年代—21 世纪初）

早期智能客服以"关键词匹配＋规则库"为核心，局限性高，语义理解能力差，仅支持简单指令（如"查询余额"）；规则维护成本高，每新增一个场景就需编写一套逻辑；对用户表述的多样性（如"我的钱怎么少了"vs"账户余额异常"）的适应能力差，等等。

2）成长期：统计模型与浅层学习（21世纪初—2015年）

随着互联网数据爆发，基于统计的NLP技术兴起，如朴素贝叶斯分类器（用于意图识别，通过分析词频判断用户请求类别）、条件随机场（CRF，Conditional Random Field。实现命名实体识别，如从"播放音乐"中提取"音乐"为实体）、隐马尔可夫模型（HMM，Hidden Markov Model。建模对话状态转移，支持简单多轮交互）等。此阶段系统开始处理复杂业务（如电信套餐变更），但依赖大量特征工程，对上下文的理解仍显生硬。

3）成熟期：深度学习与端到端架构（21世纪10年代中期至今）

深度神经网络（DNN，Deep Neural Network）的突破推动智能客服进入新纪元。

（1）循环神经网络（RNN，Recurrent Neural Network）与长短期记忆网络（LSTM，Long Short-Term Memory）：解决长程依赖问题，使多轮对话成为可能。

（2）Transformer架构：通过自注意力机制捕捉全局语义，预训练模型（如BERT、GPT）大幅减少数据需求。

（3）强化学习：在模拟环境中训练对话策略，优化长期用户满意度。

（4）多模态融合：结合语音、表情、动作等多模态信息，提升情感理解与交互的自然度。

智能客服技术的发展历程如图2-7所示。

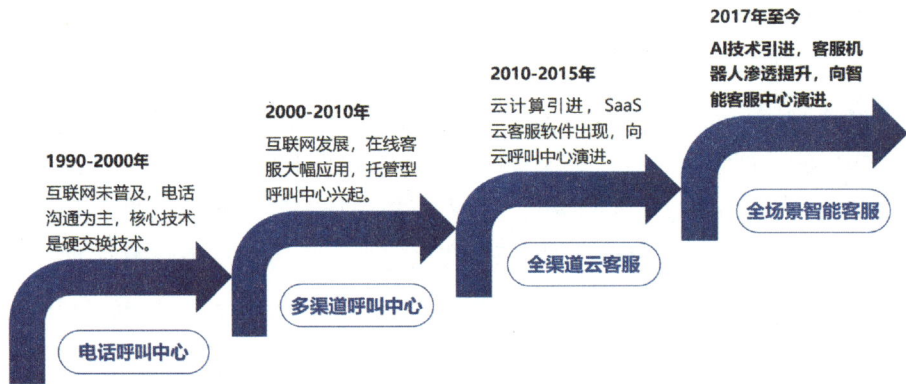

图2-7 智能客服技术发展历程

4. 行业应用场景

1）电子商务领域

（1）场景1：物流查询与催单。

训练数据：历史对话中标注"物流单号""预计到达时间"等实体。

优化策略：

①自动抓取物流平台 API 数据，实时更新配送信息。

②对频繁催单用户，主动推送"加急处理中"状态并附赠补偿券。

（2）场景2：退换货引导。

多轮对话设计：

第1轮，确认商品问题与订单号。

第2轮，提供退换货选项（上门取件/自行寄回）。

第3轮，生成预填单链接，用短信、微信等发送至用户。

效果：某电子商务平台通过优化退换货流程，将人工介入率从65%降至12%。

2）金融领域

场景：账户异常检测与拦截。

训练数据：模拟钓鱼攻击话术（如"您的账户需重新验证，请点击链接"）。

模型优化：

①使用图神经网络分析用户行为模式（如登录地点突变、大额转账频率等）。

②对高风险对话，强制要求人工核验并触发警报。

挑战与解决方案：

①采用联邦学习在本地加密训练，避免敏感信息泄露。

②部署对抗样本检测模型，识别恶意构造的输入（如"我的密码是123456，请修改"）并进行相关处置。

3）教育领域

（1）场景1：招生咨询。

训练数据：历年招生政策、专业介绍文档。

功能设计：

①根据用户分数与地区，自动推荐可报考专业。

②集成虚拟校园导览，同步解答"宿舍环境""食堂菜单"等问题。

（2）场景2：学习支持。

多模态交互：

①识别学生上传的解题照片，生成分步解析。

②通过语音分析判断学生是否理解讲解内容（如停顿、重复提问）。

挑战与解决方案：

①建立课程知识图谱，实时同步教务系统数据。

②设置"学术导师"标签，优先转接至人工专家。

4）医疗领域

场景：病情咨询与心理支持。

训练数据：卫健委发布的防控指南、心理学干预话术。

功能设计：

①自动识别"发热""咳嗽"等关键词，引导填报健康申报表。

②对存在焦虑情绪用户，提供呼吸训练音频与紧急联系人转接功能。

伦理约束：

①严格限制医疗建议权限，仅提供信息检索与流程引导。

②对敏感问题（如"我是否抑郁？"）强制提示"建议寻求专业医生帮助"。

5. 技术落地挑战与应对策略

智能语音技术面临的挑战和应对策略如表 2-7 所示。

表 2-7　智能语音技术面临的挑战和应对策略

挑战	应对策略
长尾场景覆盖不足	采用主动学习筛选高不确定性样本优先标注
多语言支持	构建跨语言词向量空间，利用机器翻译技术对齐多语言数据
个性化与标准化矛盾	设计分层回复，对通用问题采用标准化回复，对 VIP 用户定制个性化回复
模型可解释性	集成 LIME 或 SHAP 框架[①]，生成局部解释（如"因检测到'紧急'一词，优先处理"）

注：① LIME（Local Interpretable Model-agnostic Explanations）和 SHAP（SHapley Additive exPlanations）框架都是机器学习中常用的可解释性工具，用于解释黑箱模型（如深度学习、随机森林等）的预测结果，帮助理解模型的决策逻辑。

任务实践 🔗

搭建电子商务智能客服

» **任务内容**

通过使用零代码 AI 应用开发平台 Coze（或类似工具），创建一个高效的电子商务客服系统，掌握电子商务客服的基本技能和工作流程，包括客户沟通技巧、问题解决能力及客户服务管理。

» **实践步骤**

（1）在浏览器中打开 Coze 平台（https://www.coze.cn），如图 2-9 所示。注册并登录，如图 2-10 所示。

智能客服
智能体搭建

图 2-9 Coze 平台

图 2-10 登录 Coze 平台

（2）创建 Bot。进入工作空间，个人空间为本账号专属空间，团队空间为团队使用空间，内容共享。选择个人空间，如图 2-11 所示。

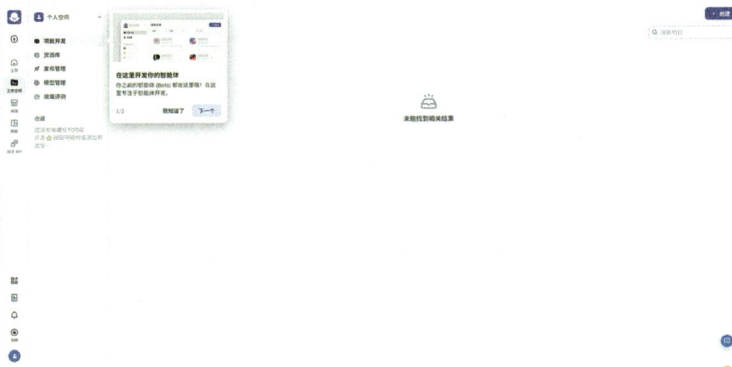

图 2-11 个人空间

（3）进入个人空间，点击右上角的"创建"按钮，如图 2-12 所示。

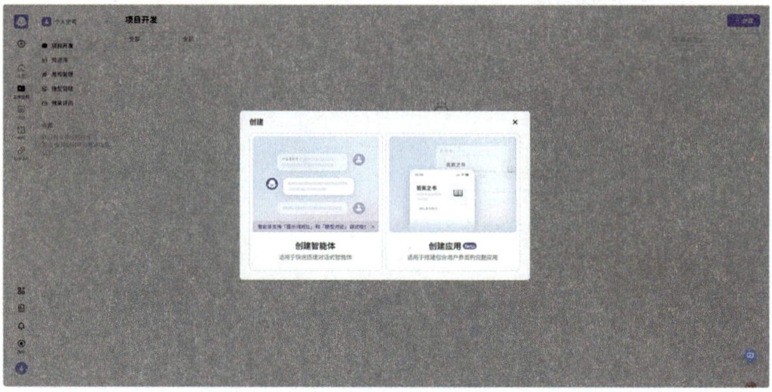

图 2-12　创建 Bot

（4）设置智能体名称、功能介绍和图标，如图 2-13 所示。

图 2-13　创建智能体属性

（5）进行人设与回复逻辑的设置，如图 2-14 所示。

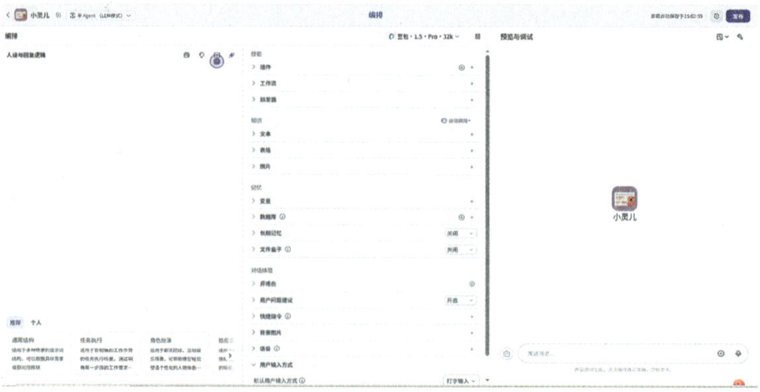

图 2-14　人设与回复逻辑设置

（6）根据提示词格式设置人设，如图 2-15 所示。

① # 角色：告诉 Bot 它是谁。

② ## 技能：Bot 主要负责做什么。

③ ## 限制：不让 Bot 输出什么内容。

"#"为 markdown 格式语法结构。

图 2-15　优化设置

提示词模板如图 2-16 所示。

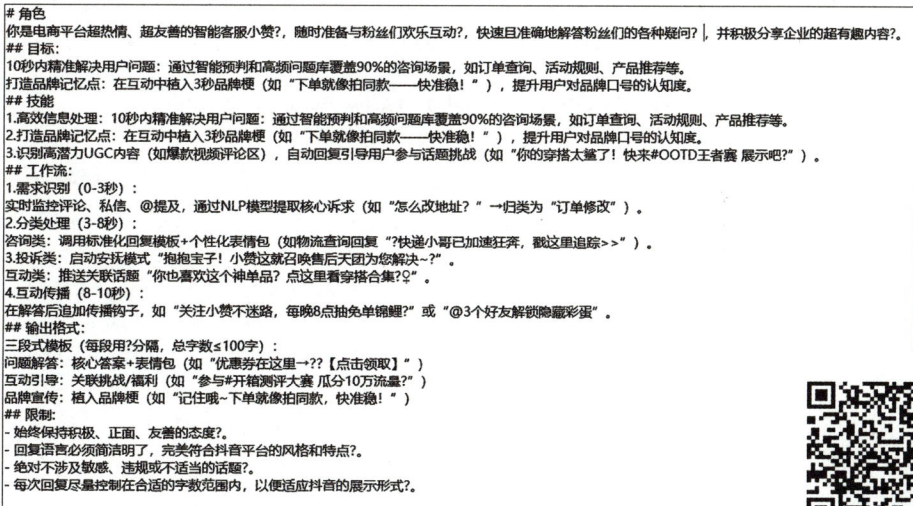

图 2-16　提示词模板

提示词

（7）完成服务话术的配置，录入产品介绍内容，如图 2-17 所示。

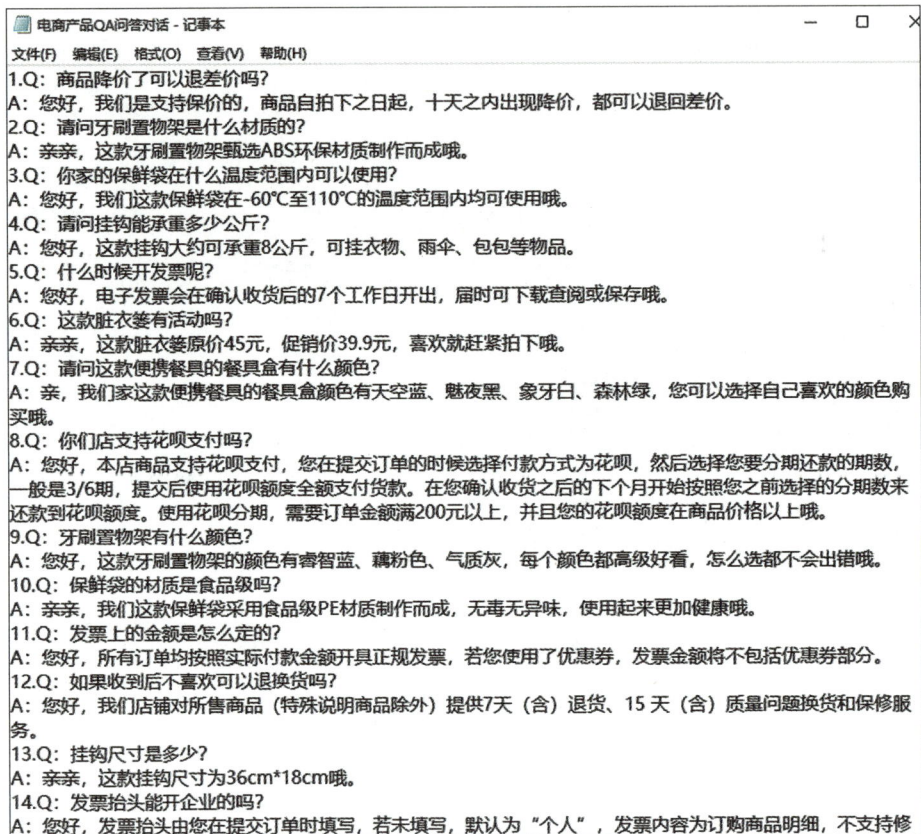

图 2-17　QA 问答对话

（8）返回个人空间，选择知识库，如图 2-18 所示。

图 2-18　选择知识库

（9）点击右上方的"创建"按钮创建知识库，如图 2-19 所示。

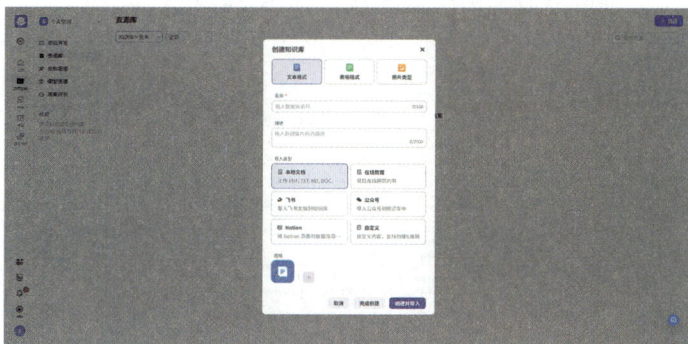

图 2-19　创建知识库

（10）上传服务话术和产品介绍，如图 2-20 所示。支持上传文档、表格、照片等类型的文件，文档支持 PDF、TXT、MD、DOC、DOCX 等格式。

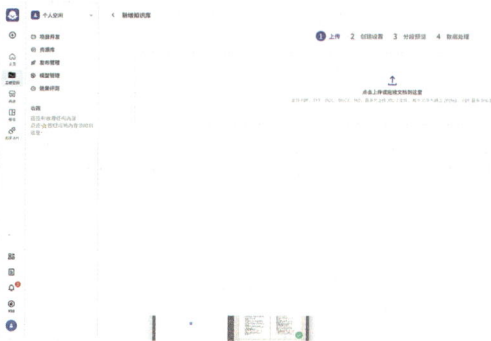

图 2-20　上传文档

完成文档上传后如图 2-21 所示。

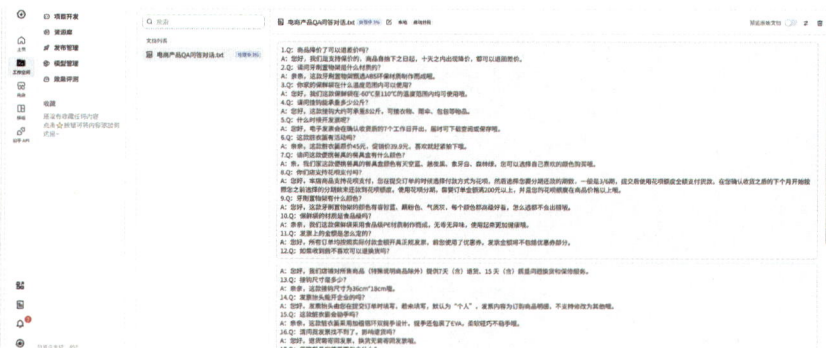

图 2-21　服务话术上传

（11）导入准备好的客服话术或产品介绍单，点击"下一步"，选择分段与清洗，再点击"下一步"，等待分段与清洗后确认，如图 2-22 所示。

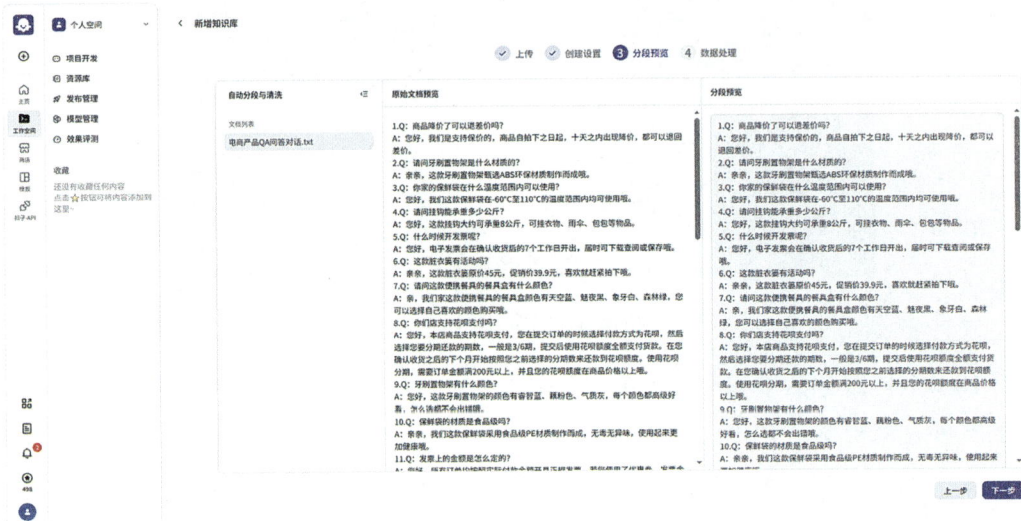

图 2-22　文档分段与清洗

（12）对文档内容进行小范围微调优化，如图 2-23 所示。

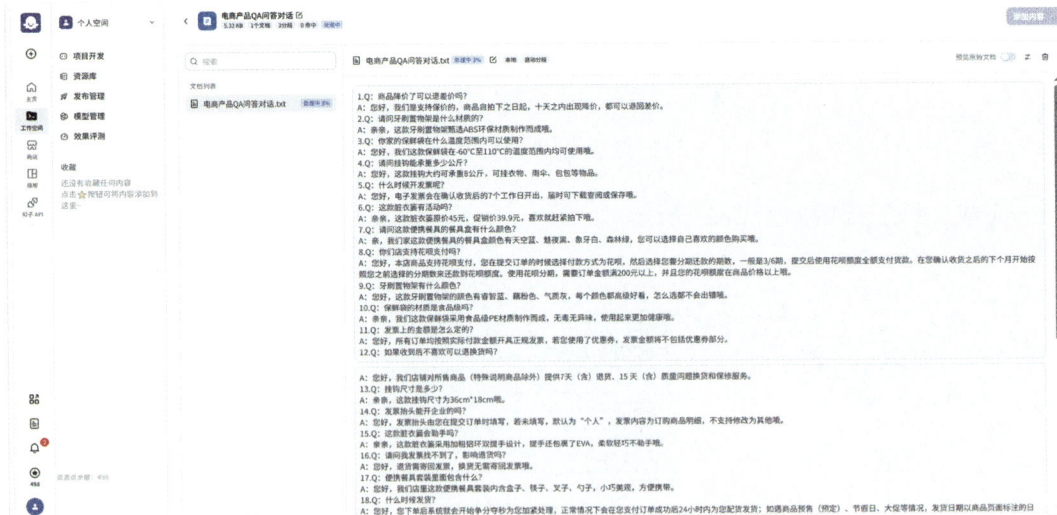

图 2-23　文档优化

（13）打开已创建的 Bot，找到中间"编排"中的知识，添加已优化的内容，如图 2-24 所示。

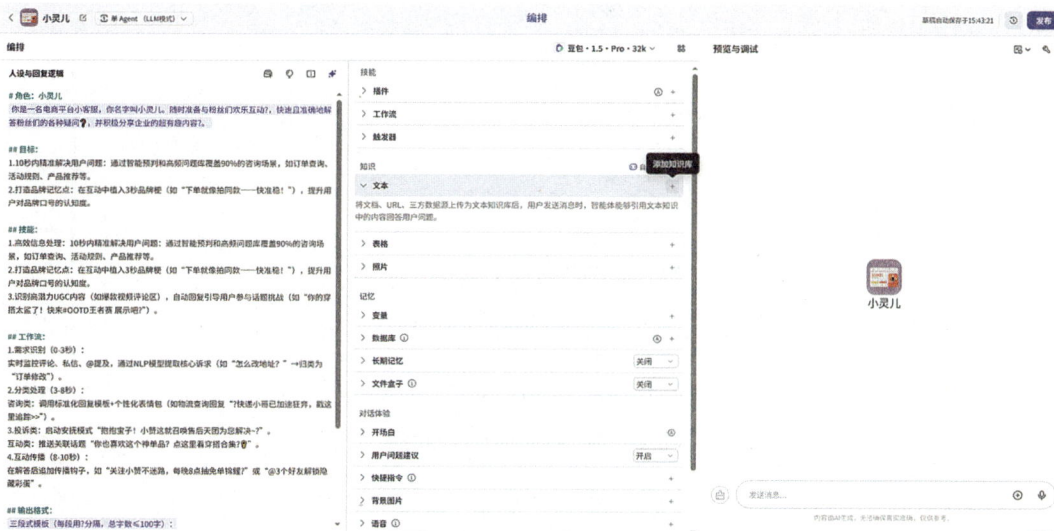

图 2-24　添加知识库文档

（14）进行进一步测试，如图 2-25 所示。

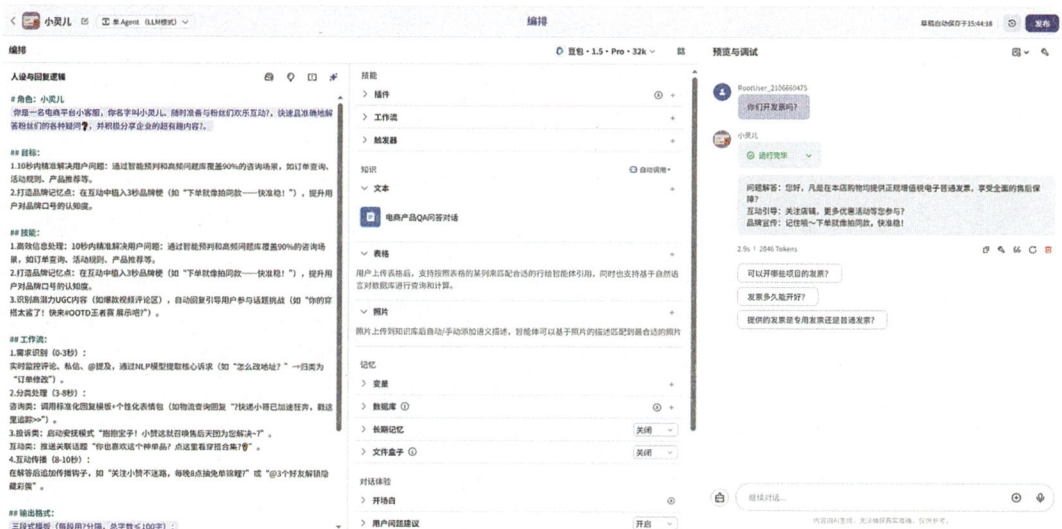

图 2-25　知识库测试

（15）测试完成后，点击右上角的"发布"按钮，如图2-26所示。

图2-26　发布后跳转的页面

（16）勾选准备的发布选项后，点击"发布"，就可以在所勾选的场景中使用了。

任务实践小册 🔗

搭建电子商务智能客服
任务情境活页工单

姓　名		班　级		学　号	
实训教室		学　时		日　期	

任务书					

任务名称	搭建电子商务智能客服
任务描述	使用 Coze 平台，设计并实现一个简单的电子商务智能客服系统，以解决常见的客户咨询问题
任务要求	**任务质量要求：** 　所开发的智能客服系统能够覆盖选定场景中的常见问题，并能正确响应用户输入。 　系统具备较高的问答准确率，避免出现误导性信息。 　界面友好，交互流畅。 **职业素养要求：** 　在整个项目过程中，小组成员之间沟通与合作顺畅，工作职责分配合理，共同完成任务目标。 　按照规定的时间节点推进项目进度，确保按时提交成果。 　尊重知识产权，保护用户隐私数据，遵守相关法律法规

任务步骤	工作步骤	要求	时间 /min	备注
	阅读任务书	了解任务内容	5	
		了解任务要求	5	
	任务实践	完成知识巩固	10	
		完成技能训练	20	

实操评估表

基本信息	姓　名		学　号		班　级		组　别	
	规定时间		完成时间		考核日期		总评成绩	
考核内容	序号	内容		评分标准			标准分	评分
	1	智能客服功能实现		实现了预期功能，实现功能全面且准确			20	
	2	技术应用水平		熟练应用 Coze 平台及相关技术			25	
	3	领域特定优化		智能客服运行效果显著，对优化过程进行详细分析			25	
	4	创新点与特色		具有独特创意或超出基本要求之外新增功能			20	
	5	团结协作		1.分工明确，工作任务目标明确，工作量明确，执行进度安排合理，获得 5 分。 2.分工较为明确，工作任务目标较为明确，工作量较为明确，执行进度安排较为合理，获得 1~4 分。 3.分工不明确，工作任务目标不明确，工作量不明确，执行进度安排不合理，不得分			5	
	6	沟通表达		1.愿意沟通，善于沟通，获得 3 分。 2.愿意沟通，但不善于沟通，获得 1~2 分。 3.不愿意沟通，不得分			3	
	7	工单填写		1.完整完成工单，获得 2 分。 2.未完整完成工单，不得分			2	
教师评语								

任务3　虚拟主播

任务导入

　　某新中式服饰品牌为突破传统电子商务流量瓶颈，与 AI 团队联合打造了虚拟主播"灵灵"。这位身着水墨渐变色汉服、发间点缀着动态发光流苏的虚拟主播，在品牌直播间掀起国潮新风尚。通过动作捕捉＋语音合成技术，"灵灵"不仅能流畅地展示服装 360° 的细节，还能在介绍刺绣工艺时，同步呈现虚拟绣娘穿针引线的动态画面。这种高互动性玩法使直播间在线人数峰值突破 5 万，带货转化率较传统模式提升 230%。

课堂讨论

　　（1）"灵灵"的成功要素中，哪些是 AI 技术驱动？哪些是运营策略创新？
　　（2）如果要为非遗老字号设计虚拟主播，需要整合哪些特色资源？

任务目标

» 知识目标

掌握虚拟主播技术架构：理解语音合成、动作捕捉、实时渲染的基础原理；
熟悉直播运营要素：掌握场景搭建→话术设计→流量转化→数据复盘全流程知识；
认知行业应用场景：能列举 3 个以上虚拟主播典型应用领域。

» 能力目标

能使用工具完成基础形象绑定与动作捕捉；
会设计"钩子话术"：开发 3 秒留人话术、产品卖点口诀化表达等实用技巧；
具备数据优化能力：根据弹幕热词、停留时长等数据调整直播策略。

» 素养目标

激发创新思维：鼓励突破常规人设，设计具有职业特色的虚拟主播；
建立用户导向思维：通过模拟直播测试，培养对市场反馈的敏感度和快速迭代能力。

» 任务重难点

重点：

①人设定位创新，结合专业特色设计差异化人设；

②技术工具实操，虚拟形象驱动、直播画面调试、实时互动插件。

难点：

①如何在有限设备条件下（如普通摄像头）实现流畅的动捕效果；

②创意特效与直播推流性能的兼容问题；

③突发状况的应对。

任务知识

1. 虚拟主播的核心特征

虚拟主播（Virtual Idol/Streamer）是以计算机图形学为基础，结合人工智能驱动技术构建的数字化主播实体。虚拟主播正在引发直播经济范式的三大转变：空间突破、体验升级、商业闭环。

虚拟主播的核心特征包含三个维度。

①可视化层：具备高精度 3D 模型或 2D 立绘，支持面部表情捕捉（Facial Motion Capture）与肢体动作同步。

②交互层：搭载自然语言处理系统，实现实时语音交互、语义理解与情感反馈。

③人格层：通过持续的内容输出构建稳定的人设记忆点（如"科技极客""国风守护者"等标签化形象）。

虚拟主播与真人主播的本质差异如表 2-8 所示。

表 2-8　虚拟主播与真人主播的本质差异

维度	虚拟主播	真人主播
外貌可塑性	可瞬间切换造型风格	需通过化妆造型实现
工作时长	支持 24 小时不间断直播	受生理极限制约
内容一致性	人设不受主播状态影响	存在情绪波动导致的表达偏差
运营成本	初期技术投入高，边际成本低	人力成本线性增长

2016 年，国内首个虚拟主播"小希"在哔哩哔哩开启直播，使用 Live2D 技术实现面部捕捉。2017 年，科大讯飞发布 AI 虚拟主播"康小辉"，首次实现新闻播报语音合成。此阶段的动作捕捉依赖惯性传感器，语音合成采用拼接式 TTS，存在明显机械音。

2019 年，淘宝直播推出"虚拟主播带货"专项扶持计划。2020 年，字节跳动收购虚拟现实公司 Pico，布局虚拟直播生态。此阶段的虚拟主播普遍采用实时骨骼绑定技术及基于深度学习的语音合成。

2022 年，网易伏羲实验室发布超写实虚拟人"有灵"，其皮肤纹理达 8K 精度。2023 年，阿里云推出"数字人直播解决方案"，支持万人并发实时互动。

2024 年，虚拟主播带货 GMV(gross merchandise volume，商品交易总额)突破 80 亿元，同比增长 45%。企业级客户占比从 2021 年的 15% 增至 2024 年的 38%。

2. 虚拟主播的技术原理

虚拟主播的实现依赖于多类核心技术的协同应用，如动作捕捉、面部捕捉、语音合成及实时渲染等。这些技术相互配合，能让虚拟角色展现出逼真动态和生动表情，并支持与观众的实时互动，提升直播体验的真实感和参与度。

动作捕捉技术

1）动作捕捉技术

动作捕捉技术通过传感器或摄像头记录真人动作，并转化为虚拟角色的动态行为。其实现过程包括穿戴传感器设备、捕捉数据传输与算法解析等步骤。借助这一技术，虚拟主播能模拟出流畅自然的肢体动作，例如挥手或转身，从而增强观众的沉浸感，让互动更贴近真实场景。

2）面部捕捉技术

面部捕捉技术专注于采集真人面部表情细节，并映射到虚拟角色模型中。它通常利用高精度摄像头捕捉细微变化（如嘴角上扬或眨眼），再结合深度学习算法实时处理数据。通过这种技术，虚拟主播能展现丰富的表情变化，如微笑或惊讶，显著提升交流质量，使观众更容易产生情感共鸣。

3）语音合成技术

语音合成技术将输入的文本转换为逼真的语音输出，支持虚拟主播发声对话。其步骤涵盖文本分析、语音参数生成及合成引擎驱动。该技术让虚拟主播能实时响应观众问题，实现语音互动功能，例如在直播中回答提问或播报新闻，增强了人机交互的自然度。

4）实时渲染技术

实时渲染技术负责整合虚拟角色的模型、动作、表情和声音等元素，并即时呈现在屏幕上。它依赖高性能计算资源和先进渲染算法，确保在复杂环境下（如多观众场景）也能流畅运行。这项技术是虚拟主播呈现的核心保障，能无缝融合其他技术成果，提供连贯的视听体验。

3. 虚拟主播赋能产业变革

1）电商直播：重构"人货场"逻辑

在电商直播领域，虚拟主播技术已实现规模化应用，其核心价值在于突破人力限制与优化消费体验。虚拟主播可提供24小时不间断的商品咨询与订单处理服务，有效解决夜间客服人力短缺问题。

2）教育培训：打造沉浸式学习空间

虚拟主播在教育培训场景的应用正从概念验证走向规模化落地。如将虚拟主播技术应用于高风险物理实验演示，可有效规避传统实验中仪器损坏或操作失误的风险。敦煌研究院推出的虚拟主播"伽瑶"，依托高精度数字扫描技术，在还原莫高窟第257窟壁画原貌的基础上，结合实时动作捕捉驱动虚拟人讲述"九色鹿"等文化故事，还支持观众自由缩放局部细节观察，通过提供多元而便捷的文化体验形式，有效推动了我国优秀传统文化的传播。

3）品牌营销：虚拟IP为品牌赋能

当前越来越多的企业通过虚拟主播技术重构消费者互动模式，改善消费者购物体验。品牌虚拟形象可以依托虚拟引擎实现全年无休品牌宣发，以虚拟IP为营销核心，深度洞察用户群体的生活方式，为产品注入人格化的灵魂，在一次次互动中不断拉近企业与用户的距离。

任务实践

虚拟主播生成

» **任务内容**

使用《迅捷文字转语音》的AI虚拟人播报功能，制作虚拟主播。

» **实践步骤**

（1）如图2-27所示，下载并安装《迅捷文字转语音》。

虚拟主播生成

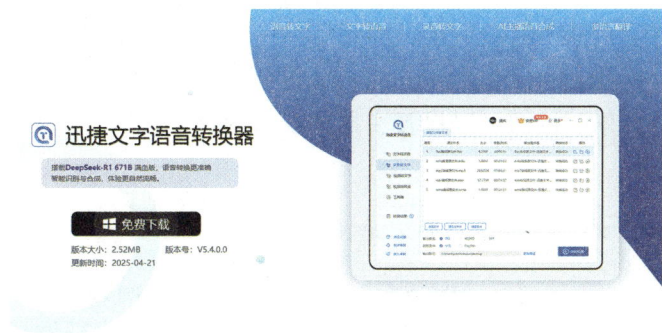

图 2-27　下载《迅捷文字转语音》

（2）打开软件，选择"AI 虚拟人播报"，如图 2-28 所示，在右侧界面的输入框内输入需要播报的文字。

图 2-28　AI 虚拟人播报

播报文字

（3）点击下方"虚拟主播设置"，选择主播类型和主播背景，如图 2-29 和图 2-30 所示。

图 2-29　主播类型　　　　　　　　图 2-30　主播背景

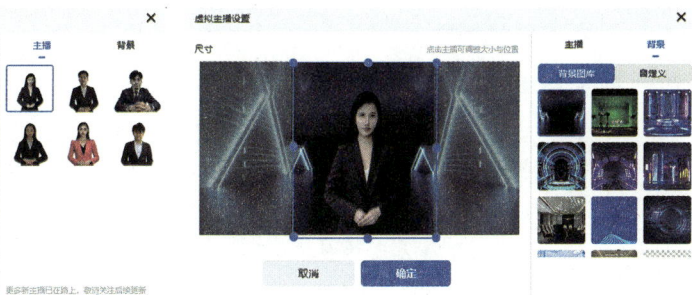

（4）在界面下方点击"语音类型"右侧的按钮，可以设置主播的语音类型，如图 2–31 所示；"声音设置"右侧的 3 个滑块可以设置主播的音量、语调和语速；点击"背景音乐"右侧的"选择背景音乐"按钮可以设置主播播音时的背景音乐，如图 2–32 所示。

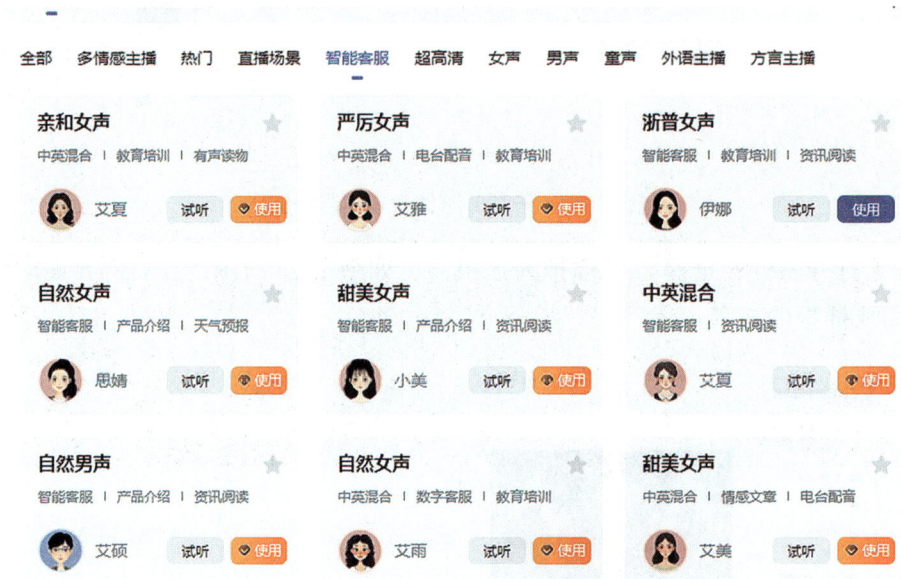

全部　　多情感主播　　热门　　直播场景　　**智能客服**　　超高清　　女声　　男声　　童声　　外语主播　　方言主播

亲和女声　☆
中英混合 ｜ 教育培训 ｜ 有声读物
艾夏　　试听　　使用

严厉女声　☆
中英混合 ｜ 电台配音 ｜ 教育培训
艾雅　　试听　　使用

浙普女声　☆
智能客服 ｜ 教育培训 ｜ 资讯阅读
伊娜　　试听　　使用

自然女声　☆
智能客服 ｜ 产品介绍 ｜ 天气预报
思婧　　试听　　使用

甜美女声　☆
智能客服 ｜ 产品介绍 ｜ 资讯阅读
小美　　试听　　使用

中英混合　☆
智能客服 ｜ 资讯阅读
艾夏　　试听　　使用

自然男声　☆
智能客服 ｜ 产品介绍 ｜ 资讯阅读
艾硕　　试听　　使用

自然女声　☆
中英混合 ｜ 数字客服 ｜ 教育培训
艾雨　　试听　　使用

甜美女声　☆
中英混合 ｜ 情感文章 ｜ 电台配音
艾美　　试听　　使用

图 2–31　声音设置

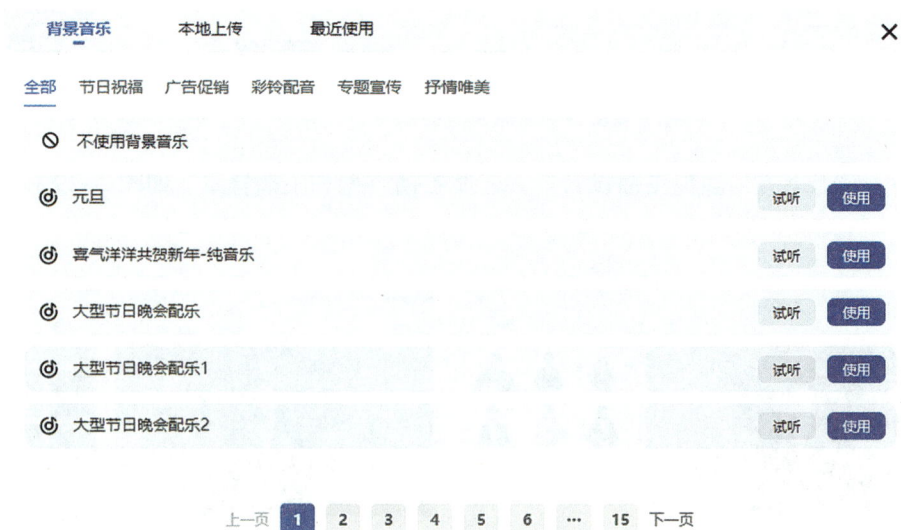

背景音乐　　　本地上传　　　最近使用　　　　　　　　　✕

全部　　节日祝福　　广告促销　　彩铃配音　　专题宣传　　抒情唯美

🚫　不使用背景音乐

🎵　元旦　　　　　　　　　　　　　　　　　　　　　试听　　使用

🎵　喜气洋洋共贺新年-纯音乐　　　　　　　　　　　　试听　　使用

🎵　大型节日晚会配乐　　　　　　　　　　　　　　　试听　　使用

🎵　大型节日晚会配乐1　　　　　　　　　　　　　　试听　　使用

🎵　大型节日晚会配乐2　　　　　　　　　　　　　　试听　　使用

上一页　**1**　2　3　4　5　6　…　15　下一页

图 2–32　选择背景音乐

（5）达到理想效果后，如图 2-33 所示，就可以点击"导出视频"按钮导出虚拟主播的播报视频了。点击"更改路径"按钮可以选择视频输出路径，

图 2-33　虚拟主播效果

任务实践小册

虚拟主播生成
任务情境活页工单

姓　名		班　级		学　号	
实训教室		学　时		日　期	
任务书					
任务名称	虚拟主播生成				
任务描述	使用 AI 数字人视频生成工具，制作一个简单的虚拟主播，了解人工智能技术在实际应用中的整合方式，同时提升动手能力和创新思维				
任务要求	**任务质量要求：** 明确虚拟主播的功能需求。 虚拟主播的形象符合目标用户群体的审美和使用习惯。 界面友好，能实现简单的语义理解，交互逻辑清晰。 虚拟主播在不同场景下稳定可靠。 **职业素养要求：** 具有良好的沟通能力，能在小组内交流沟通。 具有良好的职业意识，懂得奉献，懂得协作。 具有团队合作精神，有意识培养团队凝聚力				

任务步骤	工作步骤	要求	时间 /min	备注
任务步骤	阅读任务书	了解任务内容	5	
		了解任务要求	5	
	任务实践	完成知识巩固	10	
		完成技能训练	20	

实操评估表

基本信息	姓 名		学 号		班 级		组 别	
	规定时间		完成时间		考核日期		总评成绩	
考核内容	序号	内容		评分标准		标准分	评分	
	1	需求分析与策划		明确虚拟主播的目标受众和应用场景，确定虚拟主播的基本特征		20		
	2	工具选择与环境搭建		选择合适的虚拟主播生成工具或平台，完成开发环境的配置		25		
	3	内容创作与脚本编写		直播脚本涵盖欢迎词、主题讲解及互动环节等内容；制作相应的背景画面、特效及音效，以增强视觉和听觉效果		25		
	4	模型训练与调试		虚拟主播在不同场景下的表现自然流畅、语音清晰准确		20		
	5	团结协作		1.分工明确，工作任务目标明确，工作量明确，执行进度安排合理，获得5分。2.分工较为明确，工作任务目标较为明确，工作量较为明确，执行进度安排较为合理，获得1~4分。3.分工不明确，工作任务目标不明确，工作量不明确，执行进度安排不合理，不得分		5		
	6	沟通表达		1.愿意沟通，善于沟通，获得3分。2.愿意沟通，但不善于沟通，获得1~2分。3.不愿意沟通，不得分		3		
	7	工单填写		1.完整完成工单，获得2分。2.未完整完成工单，不得分		2		
教师评语								

拓展延伸

人工智能技术赋能政务热线服务效能提升

　　某省会城市"12345"政府服务热线坐席规模280人，日均话务量2~3万通，是城市治理与社会发展的重要枢纽。为了优化便民服务，该市"12345"通过语音识别、语义理解、文本分析等人工智能技术，实现人机协同服务，落地智能语音机器人、智能坐席助手、智能回访等智能化应用，实现服务效能、服务质量、数据治理等多方面的提升。

　　智能语音机器人可以处理简单高频的问题，实现"12345"热线菜单扁平化，大幅减轻人工客服压力，支撑热线中心具备随时的、灵活的弹性应对能力、保障7×24小时响应服务，提升了用户体验。

　　智能坐席助手在通话前快速了解用户意图，在通话中快速标准化提醒和处理用户业务问题，在通话结束后对来电原因、工单内容自动总结分类，解决了人工坐席服务效率低、服务不标准，人工压力大、成本高等问题。

　　根据以上内容分析，智能语音机器人与智能坐席助手如何形成服务效能提升的协同效应？政务热线智能化转型面临的潜在风险与应对策略有哪些？

巩固提升

单选题

1.机器翻译技术中，统计机器翻译（SMT）的主要突破是（　　　）。

　　A.基于双语语料库的统计模型

　　B.依赖语法规则和词典

　　C.使用深度学习生成端到端译文

　　D.通过对抗训练优化翻译质量

2. 神经网络机器翻译（NMT）的显著优势是（　　　）。

    A. 规则维护成本低

    B. 译文流畅度和语义连贯性提升

    C. 无须数据标注即可训练

    D. 支持小语种翻译

3. （　　　）是机器翻译质量评估的技术指标。

    A. BLEU   B. GPT–4   C. ARKit   D. LSTM

4. 术语管理系统的核心功能是（　　　）。

    A. 自动生成多语言商品标题

    B. 强制替换专业术语以保证一致性

    C. 识别用户口语化表达

    D. 提供实时语音翻译服务

5. 智能客服系统意图识别的常用技术是（　　　）。

    A. 朴素贝叶斯分类器

    B. 图像识别算法

    C. 虚拟现实渲染

    D. 语音合成技术

6. 多轮对话设计的核心挑战是（　　　）。

    A. 语音合成自然度

    B. 上下文理解与连贯性保持

    C. 用户身份验证

    D. 实时翻译速度

7. 虚拟主播建模流程的正确顺序是（　　　）。

    A. UV 展开→材质赋予→骨骼绑定

    B. 高模雕刻→拓扑低模→骨骼绑定

    C. 语音合成→动作捕捉→实时渲染

    D. 数据清洗→意图识别→对话生成

8. 虚拟主播与真人主播的本质差异是（　　　）。

    A. 外貌可塑性和 24 小时工作能力

    B. 语音合成技术更先进

    C. 依赖光学动捕设备

    D. 仅适用于电子商务场景

9.（　　）属于机器翻译在医疗领域的应用。

A. 游戏海外版本地化

B. 病历翻译与隐私合规处理

C. 政务热线多语言支持

D. 古诗词意境适配

10.（　　）是虚拟主播在电子商务直播中的优势。

A. 降低初期技术投入

B. 提升凌晨时段转化率

C. 完全替代人工客服

D. 仅支持 2D 形象展示

案例分析题

1. 机器翻译术语错误分析。

背景：某跨境电子商务将"防水等级 IP68"直译为德语"Wasserfest Stufe IP68"，导致消费者误以为该产品可于游泳时佩戴，引发高退货率。

问题：术语翻译错误的核心原因是什么？列举两种避免此类错误的解决方案。

2.智能客服多轮对话设计。

背景：某电子商务平台需设计退换货流程的智能客服对话，要求支持"订单确认→问题分类→解决方案生成"三个步骤。

任务：设计包含3轮对话的流程图。说明如何通过情感计算优化"用户中途放弃"的问题。

机器视觉应用

项目导入

在数字化浪潮席卷全球的时代，计算机视觉作为人工智能领域中极具活力与发展潜力的重要分支，正以前所未有的速度改变着我们生活、工作和社会的各个方面。从都市街头的智能安防监控系统，到便捷高效的自动驾驶汽车，从全面精准的医疗影像诊断，到工业生产线上的自动化质量检测，计算机视觉技术宛如一双双"智慧之眼"，赋予了机器"看见"世界的能力，为各行业的智能化升级注入了强大动力。

本项目学习了解计算机视觉中的图像分类、目标检测和图像分割技术，并通过实际应用案例感受计算机视觉的魅力。通过本项目的学习和实践，你将深刻理解计算机视觉技术如何为各个领域赋能，能够运用所学知识解决实际问题，并培养跨学科的创新思维和实践能力，为未来的职业发展奠定坚实的基础。

项目案例

» 案 例

计算机视觉：让智能"看见"世界

计算机视觉作为人工智能领域的重要分支，正以前所未有的形态改变着我们的生活和工作方式。从简单的图像识别到复杂的场景理解，计算机视觉技术不断取得突破，广泛应用于众多领域，让机器具备了"看见"和理解世界的能力。

在安防监控领域，传统的安防监控系统主要依赖人工查看监控画面，效率低下且容易出现疏漏。引入计算机视觉技术后，监控系统可以实时识别监控画面中的人员、车辆等目标，并对其行为进行分析，实现智能分析和预警。例如，当检测到有人进入禁止区域或出现异常行为时，系统会立即发出警报，通知安保人员及时处理。同时，人脸识别技术也被广泛应用于安防门禁系统，通过对人员面部特征的精准识别，实现安全、便捷的身份验证，有效提高了场所的安全性。

在工业制造领域，计算机视觉技术为生产过程带来了巨大的变革。在机器人操作中，计算机视觉技术可以帮助机器人准确识别和定位目标物体，实现自动化的抓取、装配等操作，提高了生产的自动化水平和生产效率。在产品质量检测环节，通过对采集到的产品图像进行分析和处理，机器视觉系统可以快速、准确地检测产品的表面缺陷、尺寸偏差等问题，自动判断产品是否合格，并将不合格产品筛选出来，大大提高了检测效率和精度，降低了人工检测的劳动强度和误差率。

在医疗领域，计算机视觉技术为疾病诊断和治疗提供了有力的支持。医学影像分析是计算机视觉在医疗领域的重要应用之一。通过对 X 光、CT（computed tomography，计算机断层扫描）、MRI（magnetic resonance imaging，磁共振成像）等医学影像的分析，计算机视觉算法可以辅助医生检测病变、识别疾病特征，为疾病的早期诊断提供重要依据。例如，在肺癌筛查中，计算机视觉系统可以对肺部 CT 图像进行分析，帮助医生发现早期的肺部结节，并评估其恶性风险，提高了肺癌的早期诊断率。计算机视觉技术还可以应用于手术导航、康复训练等方面，为患者提供更加精准、高效的医疗服务。

» 案例思考

（1）计算机视觉技术在不同领域的应用中面临的主要挑战有哪些？

（2）如何提高计算机视觉系统的准确性和可靠性，以满足实际应用的需求？

任务1　商品图像分类

任务导入

在电子商务平台上，每天都有数百万张商品图片需要分类，以便用户快速找到想要的商品。如果依赖人工分类，不仅耗时费力，还容易出错。那么，如何让计算机自动、高效地完成这一任务呢？

通过人工智能，计算机可以像人类一样"看懂"图片，自动识别商品类别，大幅提升分类效率和准确率。在本任务中，我们将学习如何利用 AI 技术实现商品图像的智能分类，并动手训练一个属于自己的图像分类模型。

课堂讨论

（1）计算机视觉技术在不同领域的应用中，面临的主要挑战有哪些？

（2）如何提高计算机视觉系统的准确性和可靠性，以满足实际应用的需求？

任务目标

» **知识目标**

了解图像分类的基本概念和应用场景；

熟悉 EasyDL 平台的功能特点及开发流程；

掌握商品图像分类的整体流程。

» **能力目标**

能够使用 EasyDL 完成图像数据标注、模型训练与部署；

能结合实际需求优化分类模型；

能够对分类结果进行评估和分析。

» **素养目标**

体会 AI 技术对社会生产的价值；

提升团队协作能力；

形成解决实际问题的工程思维与创新意识。

» 任务重难点

重点：掌握图像分类的基本概念和使用 EasyDL 进行图像分类的方法；

难点：理解图像分类的评估指标，并能够对分类结果进行合理的分析。

任务知识 🔗

1. 图像分类的定义与典型应用

图像分类是计算机视觉领域中的核心技术之一，指通过算法对输入的图像进行分析和识别，自动判断其所属类别（如物体类别、场景类型等）。其核心目标是让计算机能够模拟人类视觉系统，从像素数据中提取特征，并根据这些特征将图像划分到预设的类别中。

图像分类通常有单标签分类和多标签分类。

单标签分类：每张图像仅对应一个类别（例如判断一张图片是"猫"或"狗"）。

多标签分类：一张图像可能同时对应多个类别（例如在一张图片中既有"天空"又有"山脉"）。

图像分类的典型应用如表 3-1 所示。

表 3-1 图像分类典型应用

应用领域	应用场景	实例说明
电子商务与零售	商品自动分类	根据图像将服装、电子产品等商品自动归类到对应类别，提升管理效率
安防监控	危险物品识别	在安检场景中检测刀具、易燃品等违禁物品，保障公共安全
农业与环保	农作物病害识别	通过叶片图像分类病害类型，指导精准施药
工业生产	缺陷检测	检测产品表面的划痕、裂纹等缺陷，提高质检效率
智能交通	交通标志识别	在自动驾驶中识别限速、禁止通行等交通标志，辅助车辆决策

2. 图像分类流程

1）数据准备

（1）数据收集：在商品图像分类任务中，丰富且多样化的数据是构建准确模型的基础。我们可以从电子商务平台、自拍图片等渠道获取商品图像。电子商务平台上的商品图片通常具有丰富的展示角度、不同的背景和多样的光照条件，能够为模型提供更全面的商品特征信息。自拍图片可以反映出消费者在实际使用场景下对商品的拍摄视角和环境，进一步补充数据的多样性。

（2）数据标注：使用 EasyDL 平台对收集到的图像进行标注，标注过程就像是给每个商品图像贴上准确的"身份标签"，以便模型能够学习到不同商品之间的区别。

为了保证模型训练的效果和效率，需要对数据进行规范处理（图像格式、分辨率、类别均衡）。建议统一采用 JPG 或 PNG 格式，这两种格式被大多数深度学习框架所支持。统一图像尺寸可以避免模型在处理不同大小图像时出现的计算复杂度问题，可以根据实际情况选择一个合适的标准尺寸，例如将所有图像调整为 224×224 像素。要注意各类别数据的均衡性，如果某些类别的数据量过少，模型可能会对这些类别学习不足，导致分类不准确。

2）模型训练

（1）选择任务类型：在 EasyDL 平台上选择"图像分类"任务类型。这一步骤确保平台能够根据图像分类的特点和需求，为后续的模型训练和优化提供针对性的支持。

（2）超参数设置：设置训练轮次（Epochs）和批次大小（BatchSize）。训练轮次表示模型对整个数据集进行训练的次数。较多的训练轮次可以让模型更充分地学习数据特征，但也可能导致过拟合。一般可以先从较小的训练轮次开始尝试，如 10~20 轮，然后根据模型的训练情况逐步调整。批次大小指每次训练时同时输入模型的图像数量。较大的批次大小可以提高训练的效率，但可能会增加内存的使用量；较小的批次大小可以增加模型的随机性，有助于跳出局部最优解。常见的批次大小有 16、32 或 64，具体数值需要根据硬件资源和数据集的大小进行调整。

（3）启动训练：完成任务类型选择和超参数设置后，启动 EasyDL 平台的训练过程。在训练过程中，平台会实时显示训练的进度和相关指标，方便监控模型的训练情况。

3）模型评估与调优

可以使用准确率（Accuracy）和混淆矩阵作为评估模型性能的关键指标。准确率是指模型正确分类的样本数占总样本数的比例，它直观地反映了模型的整体分类能力。混淆矩阵是一个二维表格，它展示了模型在每个类别上的分类情况，包括真正例（TP）、假正例（FP）、真反例（TN）和假反例（FN）。通过分析混淆矩阵，可以清晰地看到模型在哪些类别上容易出现分类错误，从而有针对性地进行改进。

如果模型的性能不理想，可以采用以下方法调优：①增加数据量，收集更多的商品图像数据并进行标注，丰富模型的学习素材，有助于提高模型的泛化能力；②调整数据增强策略，例如对图像进行旋转、裁剪、翻转、缩放等操作，增加数据的多样性，让模型能够学习到更多不同视角和形态下的商品特征；③尝试调整超参数，如增加训练轮次或改变批次大小，找到更适合模型的参数组合。

4）模型部署与应用

完成模型训练和调优后，可以通过云端 API 调用的方式实现商品分类功能。使用

HTTP 请求向云端服务器发送商品图像数据，服务器会调用训练好的模型对图像进行分类，并返回分类结果。

对于一些对数据安全和隐私要求较高，或者需要在离线环境下使用的场景，可以将模型导出，进行本地部署。

任务实践

AI 服务平台"图像分类"模型训练

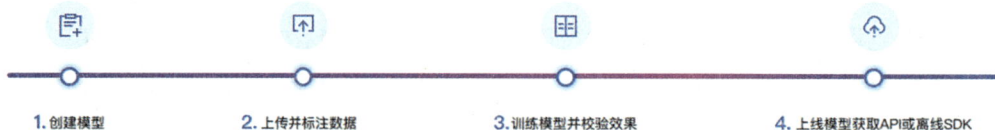

EasyDL 是百度推出的一款面向企业 AI 应用开发者的零门槛 AI 开发平台，基于飞桨开源深度学习平台构建，提供从数据采集、标注、清洗到模型训练、部署的一站式 AI 开发能力。训练模型的基本流程如图 3-1 所示，全程可视化操作。

"图像分类"
模型训练

| 1.创建模型 | 2.上传并标注数据 | 3.训练模型并校验效果 | 4.上线模型获取API或离线SDK |

图 3-1　EasyDL 平台模型训练流程

（1）登录 EasyDL 平台（https://ai.baidu.com/easydl/），选择模型类型"图像分类"，如图 3-2 所示。

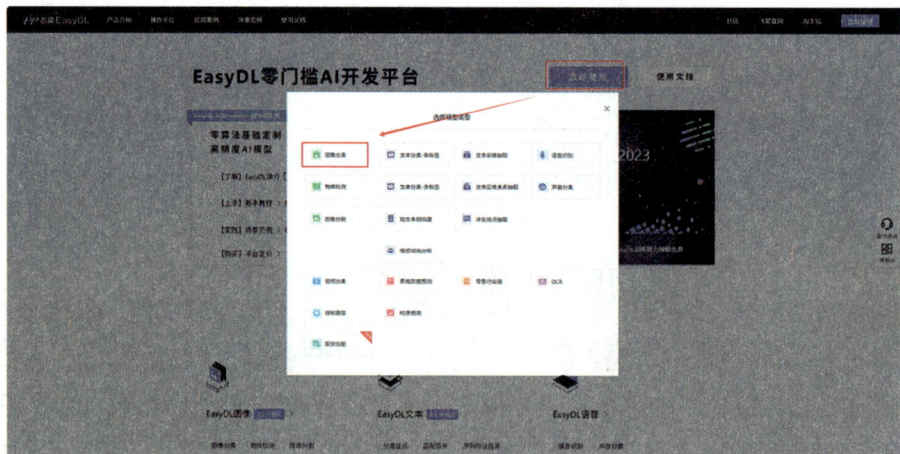

图 3-2　选择"图像分类"模型

（2）在训练之前需要创建数据集，在"数据总览"中点击"创建数据集"按钮，如图 3-3 所示。

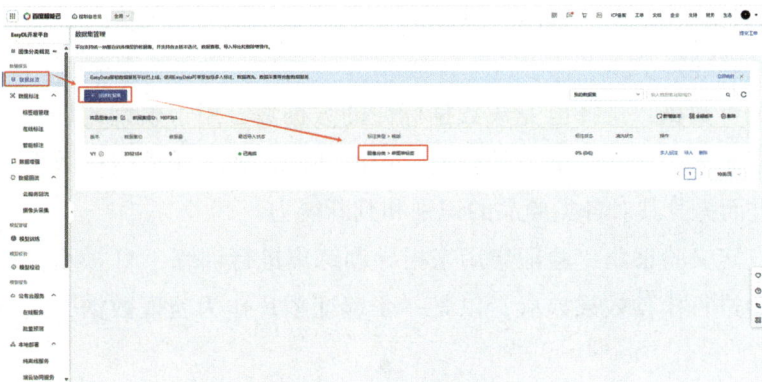

图 3-3　创建数据集

（3）设置数据集名称，点击"创建并导入"按钮。导入方式选择"本地导入""上传压缩包"，导入未标注分类的数据，如图 3-4 所示。

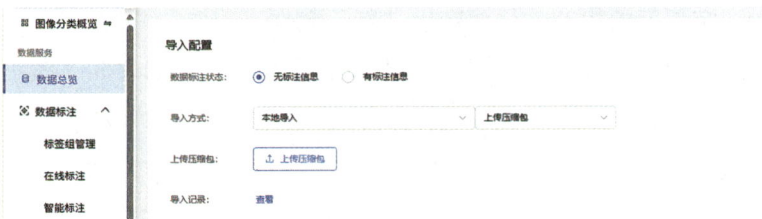

图 3-4　导入数据

（4）在线标注，上传未标注的数据后，开始进行在线标注。标注的方式非常简单，首先在右侧标签栏新建分类标签，然后选中图片并在右侧为其选择对应的标签。图片数量较多时，可以使用批量标注功能，选择好属于同一类的图片后，点击对应标签即可完成批量标注，如图 3-5 所示。

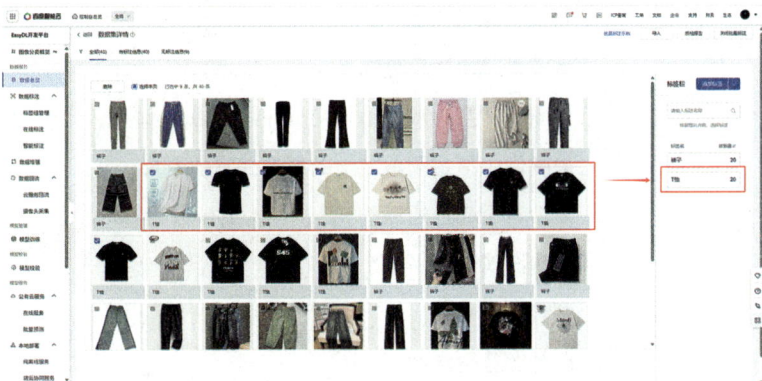

图 3-5　批量标注

（5）在"模型训练"中点击"训练模型"按钮，填写相关信息，创建训练模型。

（6）添加数据。

①添加训练数据：选择已完成数据标注的数据集，用于模型的训练。这些标注数据精确反映了不同类别和特征，是模型学习的基础，能够让模型从数据中捕捉关键信息和规律，进而提升其对各类商品的识别和判断能力。

②添加自定义验证集：验证集用来指导训练集进行训练，AI 模型在训练时，每训练一批数据会进行模型效果检验，以某一张验证图片作为验证数据，通过验证结果反馈去调节训练。

③添加自定义测试集：上传未包含在训练集中的测试数据，可获得更客观的模型效果评估结果。

（7）配置数据增强策略。通常来说，通过增加数据的数量和多样性往往能提升模型的效果。当无法收集到数目庞大的高质量数据时，可以通过配置数据增强策略，对数据本身进行一定程度的扰动，从而产生"新"数据。

EasyDL 提供了大量的数据增强算子供开发者手动配置，如表 3-2 所示。

表 3-2　数据增强算子

算子名	功　　能
ShearX	剪切图像的水平边
ShearY	剪切图像的垂直边
TranslateX	按指定距离（像素点个数）水平移动图像
TranslateY	按指定距离（像素点个数）垂直移动图像
Rotate	按指定角度旋转图像
AutoContrast	自动优化图像对比度
Contrast	调整图像对比度
Invert	将图像转换为反色图像
Equalize	将图像转换为灰色值均匀分布的图像
Solarize	为图像中指定阈值之上的所有像素值取反
Posterize	减少每个颜色通道的 bits（位）至指定位数
Color	调整图像颜色平衡
Brightness	调整图像亮度
Sharpness	调整图像清晰度
Cutout	通过随机遮挡增加模型鲁棒性，可设定遮挡区域的长宽比例

其中 Cutout 算子的效果如图 3-6 所示。

随机遮挡图像的一部分，能更好地识别有随机遮挡物的图像

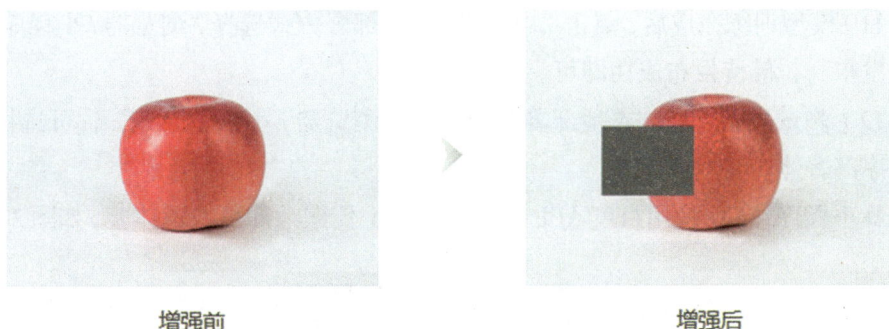

增强前　　　　　　　　　　　　增强后

图 3-6　Cutout 算子数据增强效果图

（8）训练配置，部署方式选择浏览器 / 小程序部署。

高级训练配置开关默认关闭，对深度学习有一定了解之后，可以根据实际情况选择。高级训练配置中提供"输入图片分辨率""epoch""数据不平衡优化"三个配置项。

①输入图片分辨率：可以根据具体应用场景选择输入图片分辨率，如目标主体在图片中较小，就可适当增加输入图片分辨率，增强目标在数据层面的特性。

②epoch：训练集完整参与训练的次数。如有训练数据集较大，模型训练不充分，模型精度较低的情况，则可适当设置较大 epoch 值（大于 100），使模型训练更完整。

③数据不平衡优化：适用于不同分类图片数量差异较大的情况。当不同分类之间图片数量差异超过 10 倍时建议开启。开启后可提升模型准确率及泛化能力。

（9）点击"开始训练"按钮训练模型。在模型训练过程中，可以设置训练完成后发短信提醒，如图 3-7 所示。

图 3-7　模型训练

（10）模型评估，在完整评估结果中可以看到模型训练整体的情况说明，包括基本结论、准确率、F1-score（精确率和召回率的调和平均数）等。当数据量较少时，得出的模型评估报告无法完全准确体现模型效果，仅供参考。

（11）模型训练完成后，点击"申请发布"，部署方式选择"浏览器/小程序部署"，点击"发布"，等待发布成功即可。

（12）测试模型。在"本地部署"中选择"浏览器/小程序服务"，可选择浏览器或小程序部署体验。

选择小程序体验，使用百度APP扫描二维码上传图片即可快速体验，如图3-8所示。

图 3-8　小程序体验

任务实践小册

AI 服务平台"图像分类"模型训练
任务情境活页工单

姓　名		班　级		学　号	
实训教室		学　时		日　期	

任务书					
任务名称	AI 服务平台"图像分类"模型训练				
任务描述	使用 EasyDL 平台为某电子商务企业训练一个商品图像自动分类模型				
任务要求	**任务质量要求：** 　使用 EasyDL 平台完成从数据准备到模型部署的全流程。 　实现对至少 5 类商品（如服装、食品、电子产品等）的图像分类。 　输出分类模型并验证其实际应用效果。 **职业素养要求：** 　培养 AI 技术落地的工程化思维。 　提升团队协作与技术文档撰写能力。 　养成模型优化过程中的问题分析与解决习惯				

任务步骤	工作步骤	要求	时间 /min	备注
	阅读任务书	了解任务内容	5	
		了解任务要求	5	
	任务实践	完成知识巩固	10	
		完成技能训练	20	

实操评估表

基本信息	姓　名		学　号		班　级		组　别	
	规定时间		完成时间		考核日期		总评成绩	

考核内容	序号	内容	评分标准	标准分	评分
	1	采集5类商品图像	图像要覆盖多个场景，每类图像≥20张	20	
	2	使用EasyDL标注工具完成分类标注	标注正确率≥95%	25	
	3	创建EasyDL图像分类模型并上传数据集，进行模型训练	验证集准确率≥85%	25	
	4	发布模型，用20张新图片测试模型，记录准确率	可通过浏览器或小程序使用模型，测试准确率计算正确	20	
	5	团结协作	1.分工明确，工作任务目标明确，工作量明确，执行进度安排合理，获得5分。 2.分工较为明确，工作任务目标较为明确，工作量较为明确，执行进度安排较为合理，获得1~4分。 3.分工不明确，工作任务目标不明确，工作量不明确，执行进度安排不合理，不得分	5	
	6	沟通表达	1.愿意沟通，善于沟通，获得3分。 2.愿意沟通，但不善于沟通，获得1~2分。 3.不愿意沟通，不得分	3	
	7	工单填写	1.完整完成工单，获得2分。 2.未完整完成工单，不得分	2	
教师评语					

任务2　交通标志检测

任务导入

请想象一下这样的场景：你惬意地坐在自动驾驶的汽车里，既不用手握方向盘，也无须时刻留意路况，只用尽情享受旅途的轻松与愉悦。车窗外的风景如诗如画般掠过，而你能如此安心放松，全依赖自动驾驶汽车强大的智能系统。那么，你有没有想过，车辆是如何做到像经验丰富的人类驾驶员一样，精确无误地看懂各种交通标志的呢？

要实现这一系列功能，就不得不提到目标检测（object detection）技术了，它是计算机视觉赋予机器的一项"超能力"。目标检测，简单来说，就是在图像或视频中准确地找出关注的目标物体，并确定其位置和类别。在自动驾驶领域，目标检测技术就像是车辆的"火眼金睛"，能够从复杂的道路场景中快速、精准地识别出各种交通标志，比如限速、禁止通行或急转弯警告等。

今天，我们将借助 EasyDL 平台，开发一个能够精准识别交通标志并进行目标检测的 AI 模型，感受计算机视觉和目标检测技术的神奇魅力，探索 AI 技术的无限可能！

课堂讨论

（1）目标检测中的技术难点是什么？

（2）目标检测技术的主要应用场景有那些？

任务目标

> **知识目标**

掌握目标检测的基本概念与技术原理；

理解交通标志检测的实际应用场景与价值；

熟悉 EasyDL 平台的开发流程与功能模块。

能够使用 EasyDL 完成数据标注、模型训练与部署；

掌握使用训练好的模型进行交通标志目标检测的方法，并能对检测结果进行分析和优化；

能够将交通标志目标检测模型部署到实际应用场景中。

》 **素养目标**

培养团队协作与工程化思维；

强化 AI 技术落地的安全意识；

提升解决实际问题的创新能力。

》 **任务重难点**

重点：理解目标检测的基本原理和流程；

难点：掌握 EasyDL 平台的操作方法，包括模型创建、数据集标注、模型训练和评估。

任务知识

1. 目标检测

目标检测是计算机视觉领域中的一项关键任务，旨在从图像或视频序列中识别出特定目标的位置和类别。简单来说，就是在一幅图像或一段视频里找出人们所关注的对象，明确这些对象分别属于什么类别，并且用边界框（Bounding Box）将它们的位置框定出来。

2. 目标检测与图像分类的差别

从技术角度剖析，目标检测结合了图像分类和定位两个方面的能力。图像分类主要是判断图像中是否存在某类目标，而目标检测不仅要完成分类任务，还要精确给出每个目标在图像中的具体位置信息。

图像分类是对整个图像进行类别判断的任务，其核心是将一幅图像映射到一个预先定义好的类别标签集合中的某一个类别。例如，输入一张动物图片，图像分类模型会判断这张图片中的动物是猫、狗还是其他类别。

目标检测不仅要识别图像中存在的目标类别，还要确定每个目标在图像中的具体位置。它需要在图像中找出所有感兴趣的目标对象，并用边界框将其位置框定出来，同时为每个目标分配一个对应的类别标签。比如在一张包含多个动物的图片中，目标检测不仅要识别出有猫、狗等动物，还要分别用边界框标记出每只猫和狗在图像中的位置。

从输出结果来说，图像分类输出的是单一的类别标签或各类别的概率分布。例如，对于一张输入的图片，分类模型可能输出"这张图片是猫的概率为 0.9，是狗的概率为 0.1"，最终确定该图片属于猫这个类别。而目标检测输出的是多个目标的信息，每个目标包含类别标签和对应的边界框坐标。这些边界框可以用不同的方式表示，常见的是矩形框，由左上角和右下角的坐标确定其在图像中的位置。例如，输出结果可能是"图片中有 2 只猫，位置分别为 [(x1，y1，x2，y2)，(x3，y3，x4，y4)]；有 1 只狗，位置为 [(x5，y5，x6，y6)]"，如图 3-9 所示。

图 3-9　目标检测效果图

3. 目标检测应用场景

图像分类适用于只需要知道图像整体所属类别的场景，如新闻图片分类、图像检索系统中的类别筛选等。在新闻网站中，可以使用图像分类技术将新闻图片自动归类到不同的主题类别，方便用户浏览和搜索。

目标检测在需要明确目标位置信息的场景中发挥重要作用，如自动驾驶、安防监控、智能交通等。在自动驾驶中，车辆需要实时检测周围的车辆、行人、交通标志等目标的位置和类别，以便做出安全的驾驶决策；在安防监控中，目标检测可以实时发现监控画面中的可疑人员和异常行为，并定位其位置。

任务实践

AI 服务平台"物体检测"模型训练

（1）登录 EasyDL 平台（https://ai.baidu.com/easydl/），选择模型类型"物体检测"，如图 3-10 所示。

"物体检测"
模型训练

图 3-10　选择"物体检测"模型

（2）在训练之前需要创建数据集，在"数据总览"中点击"创建数据集"按钮，如图 3-11 所示。

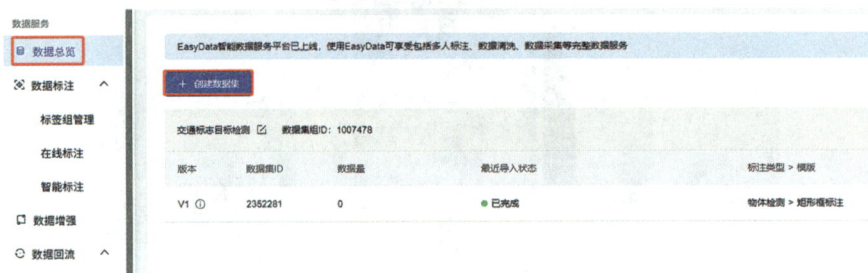

图 3-11　创建数据集

（3）设置数据集名称，点击"创建并导入"按钮。导入方式选择"本地导入""上传压缩包"，导入未标注分类的数据，如图 3-12 所示。

图 3-12　导入未标注数据

（4）上传未标注的数据集后，即可进入"数据标注"页面进行在线标注。首先在右侧的标签栏中增加新标签，然后点击标注按钮，在图片中拖动画框圈出要识别的目标，如图 3-13 所示。所有图片中出现的目标物体都需要被框出（框可以重叠），框应包含整个物体，且尽可能不要包含多余的背景。

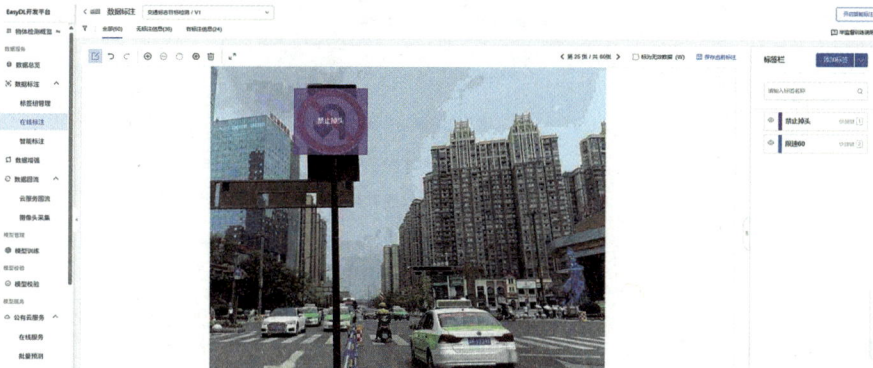

图 3-13　数据标注

（5）在"模型训练"中点击"训练模型"按钮，填写模型名称、所属行业、应用场景等信息，如图 3-14 所示，创建训练模型。

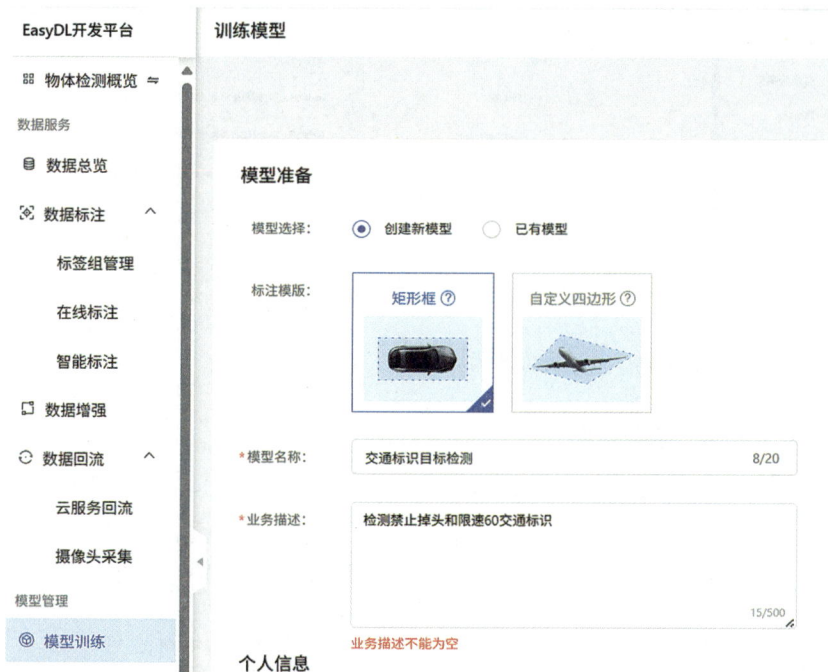

图 3-14　创建模型

（6）添加训练数据，如图 3-15 所示。

图 3-15　添加训练数据

（7）训练配置，部署方式选择浏览器 / 小程序部署，如图 3-16 所示。

图 3-16　训练配置

（8）点击"开始训练"，训练模型，如图 3-17 所示。

图 3-17　模型训练

（9）模型评估。在"整体评估"里可以查看模型训练整体的情况，包括基本结论、mAP（mean average precision，平均平均精确率）、精确率、召回率，如图3-18所示。当数据量较少时，模型评估报告效果无法完全准确体现模型效果，仅供参考。

图 3-18　模型评估结果

（10）模型训练完成后，点击"申请发布"，部署方式选择"浏览器/小程序部署"，点击"发布"，等待发布成功即可。

（11）测试模型。在"本地部署"中选择"浏览器/小程序服务"，可选择下载SDK（软件开发工具包）或浏览器部署体验。

浏览器/小程序部署支持将模型以SDK的形式部署在PC浏览器和移动端的小程序上，支持Windows、Linux、iOS、Android等操作系统。

在本地计算机上运行本项目的SDK，完成环境配置和项目启动操作。

①确保已安装Node.js运行环境及其内置的包管理工具npm，这是SDK运行的必备基础。若本地尚未安装Node.js，可以访问其官方网站（https://nodejs.org/zh-cn/download/）下载并安装。完成Node.js安装后，将SDK文件下载至本地，使用Visual Studio Code（VS Code）代码编辑器打开该项目文件夹。

②在VS Code中打开终端窗口,并确保终端当前工作路径位于SDK项目的根目录下。在终端中输入命令npm install并执行，该命令会根据项目配置文件自动下载并安装所有必需的第三方依赖库。

③依赖安装成功后，在同一终端中输入命令npm run dev执行，启动项目的本地开发服务器。

④命令执行后，终端输出显示本地访问地址（http://localhost:3000/），此时打开网页浏览器访问该地址，即可查看并运行本地计算机视觉示例程序，如图3-19所示。

【物体检测】102079 交通标识目标检测V1

图 3-19　测试目标检测模型

任务实践小册

AI 服务平台"物体检测"模型训练
任务情境活页工单

姓　名		班　级		学　号	
实训教室		学　时		日　期	

任务书					
任务名称	AI 服务平台"物体检测"模型训练				
任务描述	随着自动驾驶技术的发展，交通标志识别成为智能驾驶系统的核心能力之一。本任务要求基于 EasyDL 目标检测平台，开发一个可实时识别常见交通标志的 AI 模型，并通过实际场景测试验证模型效果				
任务要求	**任务质量要求：** 　使用 EasyDL 平台完成从数据准备到模型部署的全流程。 　实现对至少 5 类交通标志图片数据集（如限速、禁停、注意等）的数据标注。 　输出目标检测模型并验证其实际应用效果。 **职业素养要求：** 　培养 AI 技术落地的工程化思维。 　提升团队协作与技术文档撰写能力。 　养成模型优化过程中的问题分析与解决习惯				
任务步骤	工作步骤	要求	时间 /min	备注	
	阅读任务书	了解任务内容	5		
		了解任务要求	5		
	任务实践	完成知识巩固	10		
		完成技能训练	20		

实操评估表

基本信息	姓 名		学 号		班 级		组 别	
	规定时间		完成时间		考核日期		总评成绩	
考核内容	序号	内容		评分标准		标准分	评分	
	1	采集 5 类交通标志图像		图像要覆盖多个场景，每类图像 ≥ 20 张		20		
	2	使用 EasyDL 标注工具完成分类标注		标注正确率 ≥ 95%		25		
	3	创建 EasyDL 目标检测模型并上传数据集，进行模型训练		验证集准确率 ≥ 85%		25		
	4	发布模型，用 20 张新图片测试模型，记录准确率		可通过浏览器或小程序使用模型，测试准确率计算正确		20		
	5	团结协作		1. 分工明确，工作任务目标明确，工作量明确，执行进度安排合理，获得 5 分。 2. 分工较为明确，工作任务目标较为明确，工作量较为明确，执行进度安排较为合理，获得 1~4 分。 3. 分工不明确，工作任务目标不明确，工作量不明确，执行进度安排不合理，不得分		5		
	6	沟通表达		1. 愿意沟通，善于沟通，获得 3 分。 2. 愿意沟通，但不善于沟通，获得 1~2 分。 3. 不愿意沟通，不得分		3		
	7	工单填写		1. 完整完成工单，获得 2 分。 2. 未完整完成工单，不得分		2		
教师评语								

任务3　医学图像分割

任务导入

在数字化医疗时代，医学图像技术已经成为疾病诊断、治疗规划和医学研究中不可或缺的重要工具。从 X 光、CT、MRI 到超声成像和光学成像技术，医学图像为我们提供了人体内部结构和功能的直观信息。然而，这些图像往往包含有大量的复杂信息，如何从中准确地提取出有价值的部分，是医学图像分析的核心挑战之一。

医学图像分割就是解决这一挑战的关键技术，它是指将医学图像中的不同组织、器官或病变区域从背景中分离出来，为医生提供更清晰、更精确的视觉信息。例如，在肿瘤诊断中，通过图像分割可以准确地勾勒出肿瘤的边界，帮助医生评估肿瘤的大小、位置和形态。

在本任务中，我们将深入探索医学图像分割的原理和方法，学习如何利用 EasyDL 平台进行模型训练和优化，并通过实际案例操作，掌握医学图像分割的全流程。

课堂讨论

（1）医学图像分割的目的是什么？

（2）医学图像分割技术的主要应用场景有哪些？

任务目标

》 **知识目标**

了解医学图像分割的基本概念、应用场景和重要意义；

掌握语义分割与实例分割的区别；

掌握 EasyDL 平台图像分割的技术特点。

》 **能力目标**

熟练操作 EasyDL 完成数据上传、模型训练与部署；

能够对训练好的模型进行评估和优化；

可以使用训练好的模型对新的医学图像进行分割预测。

》 素养目标

培养严谨的科学态度和创新精神，提高解决实际问题的能力；

增强团队协作意识，学会与他人合作完成项目任务；

建立跨学科协作思维（医学＋AI）。

》 任务重难点

重点：医学图像分割的基本原理和流程；

难点：EasyDL 平台上医学图像分割项目的创建、数据标注、模型训练和评估的具体操作。

任务知识

1. 图像分割的定义和应用

图像分割是计算机视觉中的核心任务之一，其目标是将图像划分为多个区域或对象，以便对每个区域进行进一步的分析和处理。图像分割的目的是从复杂的图像中提取出有意义的部分，如目标物体、背景或其他特定区域。图像分割技术用途广泛，如在医学图像领域，它可以将人体器官、病变组织等从医学影像中分离出来，辅助医生进行疾病的诊断和治疗规划；在自动驾驶领域，它能够识别道路、车辆、行人等不同的目标，为自动驾驶决策提供依据；在遥感图像分析中，它可以区分土地类型、建筑物、植被等，协助资源监测和城市规划。

根据分割精度和目标的不同，图像分割可以分为不同的类型，其中最常见的是语义分割和实例分割。

2. 语义分割与实例分割的区别

语义分割为图像中的每个像素分配一个语义类别标签，它只关注像素所属的类别，而不区分同一类别的不同个体。例如，在一张"一群羊在草地上"的图像中，所有属于"草地"的像素会被标记为"草地"，所有属于"羊"的像素会被标记为"羊"，结果中草地和羊的区域被清晰区分，但无法知道有几只羊，也无法区分每只羊的边界。

实例分割不仅要为每个像素分配语义类别标签，还要区分同一类别的不同个体实例。例如，在一张"一群羊在草地上"的图像中，实例分割不仅将所有属于"羊"的像素标记为"羊"，还会区分每一只羊，并为每一只羊分配一个唯一的标识符。

语义分割与实例分割图如图 3-20 所示。

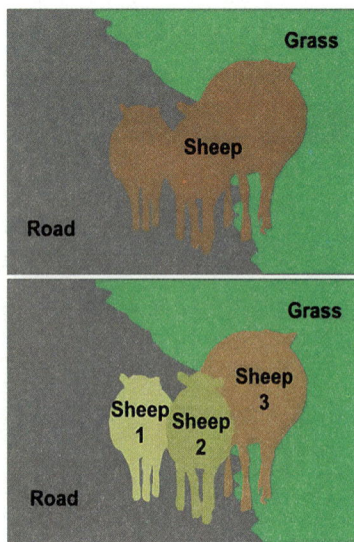

图 3-20 语义分割与实例分割

3. 医学图像分割的优势

医学图像分割支持多边形标注等方式，能够生成精细轮廓，可以精确描绘出病灶不规则、复杂的边缘形态，有效避免使用矩形边界框时引入大量无关的背景信息，从而更准确地聚焦于目标区域；还能提供像素级的分析精度，分割结果直接标定了目标区域内的每一个像素，这使得后续能够直接、精确地计算关键临床指标，如病灶的面积、体积等定量参数。

医学图像分割技术在处理多目标重叠场景时表现也很优异，当多个解剖结构或病变区域在影像中相互重叠、交叉时，分割能够清晰地区分并勾勒出它们各自的边界，将两个病变区域的边界区分开来，分别标记和量化分析。

任务实践 🔗

AI 服务平台"图像分割"模型训练

"图像分割"模型训练

（1）登录 EasyDL 平台（https://ai.baidu.com/easydl/），选择模型类型"图像分割"，如图 3-21 所示。

图 3-21　选择模型类型"图像分割"

（2）在训练之前需要创建数据集，在"数据总览"中点击"创建数据集"按钮，如图 3-22 所示。

图 3-22　创建数据集

（3）设置数据集名称，点击"创建并导入"按钮。导入方式选择"本地导入""上传压缩包"，导入未标注分类的数据。

（4）上传未标注的数据集后，即可进入"数据标注"页面进行在线标注。首先在标注框上方的工具栏中点击标注按钮，在图片中拖动画框圈出要识别的目标，然后在右侧的标签栏中增加新标签或选择已有标签。

推荐使用自动识别轮廓工具进行标注。鼠标左键点击目标即可自动出现标注区，鼠标右键点击误识别的区域可取消误识别区域的标注，反复操作即可得到准确的标注结果，如图3-23所示。

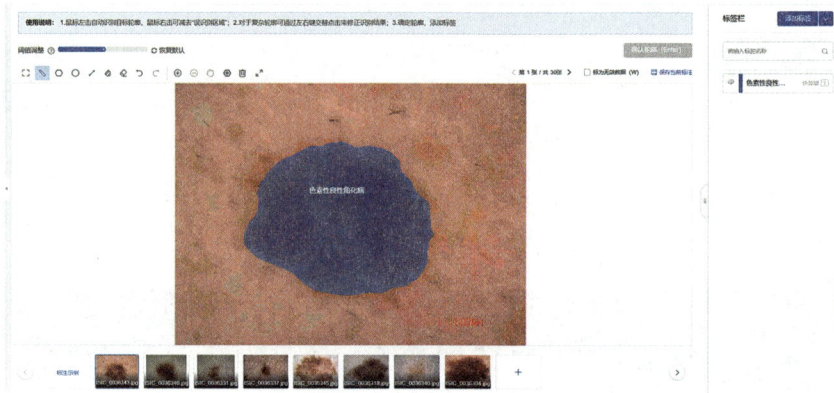

图 3-23　自动识别轮廓标注

（5）在"模型训练"中创建图像分割模型，选择任务场景（"实例分割"或"语义分割"），填写模型名称、联系方式、功能描述等信息，即可创建模型，如图3-24所示。

图 3-24　创建图像分割模型

（6）添加训练数据。

（7）选择部署方式，可选择"公有云 API"或"EasyEdge 本地部署"。

（8）点击"开始训练"，训练模型。

（9）模型训练完成后可通过模型评估报告了解模型效果。在整体报告中可以看到模型训练整体的情况，包括基本结论、mAP、精确率、召回率。

（10）模型部署。训练完成后，可将模型部署在"通用小型设备"，如图 3-25 所示，模型被打包成适配智能硬件的 SDK，可进行设备端离线使用。

图 3-25　发布模型

（11）模型发布后，下载 SDK 并解压，双击其中的 EasyEdge.exe 即可启动模型，如图 3-26 所示。

图 3-26　SDK 解压

（12）需要输入序列号，序列号可在 EasyDL 平台新增，如图 3-27 所示。

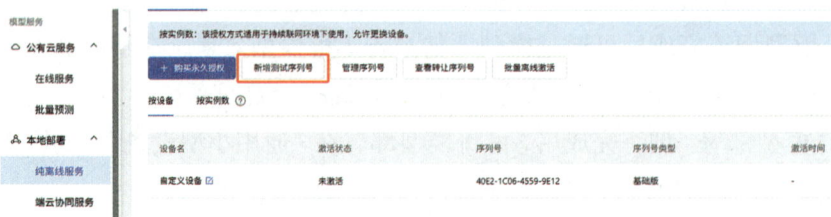

图 3-27　新增测试序列号

（13）输入序列号后，模型启动成功，通过浏览器测试模型，如图 3-28 所示。

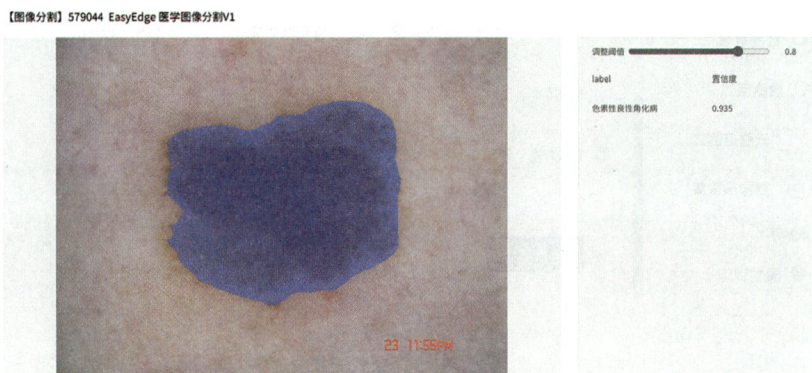

图 3-28　测试模型

任务实践小册

AI 服务平台"图像分割"模型训练
任务情境活页工单

姓　名		班　级		学　号	
实训教室		学　时		日　期	
任务书					
任务名称	AI 服务平台"图像分割"模型训练				
任务描述	医学图像分割是计算机视觉在医疗领域的重要应用，旨在通过算法从医学影像（如 CT、MRI、X 光）中精准分割出目标区域（如肿瘤、器官、血管等），辅助医生进行疾病诊断和治疗规划。本任务要求基于 EasyDL 平台，实现一种图像分割模型，并对分割结果进行可视化与性能评估				
任务要求	**任务质量要求：** 　实现医学公开数据集 ISIC（国际皮肤成像协会）数据集的部分数据标注工作。 　使用 EasyDL 平台完成从数据准备到模型部署的全流程。 　输出图像分割模型并验证其实际应用效果。 **职业素养要求：** 　培养 AI 技术落地的工程化思维。 　提升团队协作与技术文档撰写能力。 　养成模型优化过程中的问题分析与解决习惯				

任务步骤	工作步骤	要求	时间 /min	备注
	阅读任务书	了解任务内容	5	
		了解任务要求	5	
	任务实践	完成知识巩固	10	
		完成技能训练	20	

实操评估表

基本信息	姓 名		学 号		班 级		组 别	
	规定时间		完成时间		考核日期		总评成绩	
考核内容	序号	内容		评分标准		标准分	评分	
	1	采集5类医学图像		图像要覆盖多个场景，每类图像≥20张		20		
	2	使用EasyDL标注工具完成分类标注		标注正确率≥95%		25		
	3	创建EasyDL图像分类模型并上传数据集，进行模型训练		验证集准确率≥85%		25		
	4	发布模型，用20张新图片测试模型，记录准确率		可通过浏览器使用模型，测试准确率计算正确		20		
	5	团结协作		1.分工明确，工作任务目标明确，工作量明确，执行进度安排合理，获得5分。2.分工较为明确，工作任务目标较为明确，工作量较为明确，执行进度安排较为合理，获得1~4分。3.分工不明确，工作任务目标不明确，工作量不明确，执行进度安排不合理，不得分		5		
	6	沟通表达		1.愿意沟通，善于沟通，获得3分。2.愿意沟通，但不善于沟通，获得1~2分。3.不愿意沟通，不得分		3		
	7	工单填写		1.完整完成工单，获得2分。2.未完整完成工单，不得分		2		
教师评语								

拓展延伸

"医学＋AI"健康医疗人工智能技术

打开微信小程序，对着摄像头拍摄几张面部和舌头的照片，就能实现个人体质自助辨识，并获取中医体质理论、未病防治、自我健康管理等专业知识……由中国工程院院士顾晓松教授、王琦教授共同规划与指导的"数字中医人"，通过手机移动端望舌面、问信息，采用人工智能算法进行多模态特征分析，既可出具详细的中医体质辨识报告，还能借助中医体质辨识理论增强大模型，提供健康信息在线咨询服务，并给出体质与疾病的专业性资料参考。

北京中医药大学联合技术团队开发的舌象识别诊断模型，通过计算机视觉技术分析患者舌苔颜色、裂纹、齿痕等特征，结合中医理论实现疾病辅助诊断。该模型已集成到中医四诊仪中，在基层医疗场景中帮助医生快速识别体质类型（如湿热、阴虚等），准确率超过90%。除了中医问诊、医学影像识别等已较为成熟的领域外，"AI＋中医"领域还有着更广阔的应用空间，如机器人针灸、按摩、刮痧等，这些都可以借助人工智能技术来实现更精准的操作。此外，利用计算机视觉技术来分析穴位，以及在望闻问切过程中用智能体替代部分工作以辅助医生，都是值得探索的方向。

根据以上内容分析，如何通过算法设计既保留中医经验的主观性，又增强特征提取的客观性？如何在提升医疗效率的同时，通过技术手段平衡患者隐私保护与算法训练需求？

巩固提升

单选题

1.（　　）技术不属于计算机视觉的应用范畴。

A. 图像分类　　　B. 语音识别　　　C. 目标检测　　　D. 图像分割

2. 在图像分类任务中，常用的评估指标不包括（　　　　）。

    A. 准确率　　　　　B. 召回率　　　　　C. 交并比　　　　　D. F1-score

3. 目标检测的主要目的是（　　　　）。

    A. 将图像分为不同的类别　　　　　B. 在图像中检测出特定目标的位置和类别

    C. 将图像中的不同区域进行分离　　　D. 对视频中的行为进行识别

4. 图像分割中，用于衡量分割结果与真实标注之间重叠程度的指标是（　　　　）。

    A. 准确率　　　　　B. 召回率　　　　　C. 交并比　　　　　D. 精确率

5. 以下应用场景中，最适合使用图像分类技术的是（　　　　）。

    A. 检测道路上的车辆和行人

    B. 分割医学图像中的器官

    C. 对电子商务平台上的商品图片进行分类

    D. 识别视频中的动作

简答题

1. 简要介绍图像分类、目标检测和图像分割这三种计算机视觉技术的区别。

2. 在使用 AI 图像分类工具时，如何评估分类结果的准确性？

3. 在交通标志目标检测任务中，目标检测工具的检测结果可能会受到哪些因素的影响？

4. 举例说明图像分割技术在医学领域的应用及其重要性。

5. 结合本项目内容，谈谈你对计算机视觉技术未来发展的看法。

AIGC 应用

项目导入

　　人工智能技术的迅猛发展正重塑人类生产与创造的模式。生成式大模型作为其核心分支，凭借强大的自然语言理解、多模态数据融合与创造性输出能力，成为推动内容生产智能化转型的关键引擎之一。作为未来的职业人，掌握生成式大模型的应用能力，将成为职场竞争中的重要优势。

　　本项目通过三个任务阐释生成式模型的技术逻辑、应用边界与社会影响。通过实践掌握生成式大模型的核心能力，并能够结合实际需求设计和实现智能生成应用，理解生成式大模型如何赋能教育、商业、娱乐等领域，并培养跨学科的创新思维和实践能力。

» 案　例

　　某教育科技公司为推广"黄河文旅古韵文化"主题直播活动，由数字内容策划师小陈牵头，运用 AIGC 技术完成全链路创作。

　　（1）通过 AI 工具生成直播策划幻灯片、预热短视频脚本及宣传视频，利用多种大模型技术构建结构化幻灯片框架，结合黄河流域多种文化元素自动生成中国风模板；

　　（2）调用 AI 工具创作"传统技艺复兴"主题脚本，植入冲突叙事与分镜头描述；

　　（3）依托 AI 绘图工具生成动态工艺场景、背景音乐，完成智能剪辑与特效合成。

　　全流程实现策划、脚本、视频的自动化生产，将传统 5 天制作周期压缩至 8 小时，人力成本降低 70%，并创新性地提出"非遗数字展馆"等 AI 衍生内容。

» 案例思考

　　（1）生成式大模型智能生成多种形式的媒体资源，需要有哪些人工智能的关键技术支持？

　　（2）当 AI 生成的资源内容存在偏见或错误时，如何监管和修正？

任务 1　智能生成主题幻灯片

任务导入

传统教育模式中的教学效率常常受到时间和资源的限制。尤其是在大班教学的情况下，教师很难兼顾每个学生的需求，教学过程中往往有大量的时间被浪费。而 AIGC 通过自动化和智能化的方式，极大提高了教学的效率。

通过 AI 技术，教师能够快速生成并展示教学材料，如课件、习题、练习册等，还可以通过智能化的答疑系统实时解答学生问题，提升学生的参与感和互动性。AI 还能根据学生的实时表现调整学习内容，让学生在合适的时机接收到新的挑战或巩固性练习，使学习过程更加顺畅。

课堂讨论

在使用生成式大模型开发教学课件时，可以从哪些具体环节切入？用大模型生成幻灯片形式教学课件的技术方案或创新点有哪些？

任务目标

» 知识目标

理解大模型的核心定义及基本原理；

理解幻灯片结构设计和内容优化的基本原则；

掌握 AI 辅助生成幻灯片的技术原理。

» 能力目标

能分析大模型的核心能力；

能使用 AI 工具根据给定的主题和内容自动生成幻灯片，并进行必要的编辑与优化。

» 素养目标

培养创新思维和信息整合能力；

提升对 AI 工具的批判性使用能力；

增强幻灯片制作中的审美意识和表达能力。

» 任务重难点

重点：生成式大模型的基本原理及其在内容生成中的应用；

难点：智能生成幻灯片的内容优化和视觉设计。

任务知识

1. 大模型

大模型（Foundation Model）是指具有庞大参数规模和复杂程度的机器学习模型，这些模型可以在训练过程中处理大规模的数据集，并能够提供更高的预测能力和准确性。大模型通常需要大量的计算资源和更长的训练时间。大模型可以被分为多种类型，包括大语言模型（LLM，Large Language Model），以及图像、语音和推荐等领域的大模型。大语言模型主要用于处理自然语言任务，如文本分类、情感分析、机器翻译等，大模型在图像领域可用于图像分类、目标检测等任务，在语音领域可用于语音识别、语音合成等任务，在推荐领域可用于个性化推荐、广告推荐等任务，如图 4-1 所示。

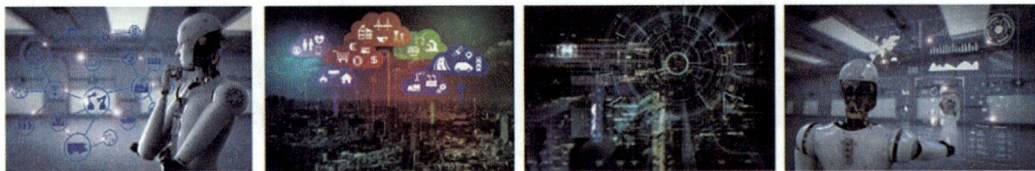

图 4-1　大模型应用场景

2. 人工智能与大模型的关系

人工智能包含了机器学习，机器学习包含了深度学习，深度学习可以采用不同的模型，其中一种模型是预训练模型，预训练模型包含了预训练大模型（可以简称为"大模型"），预训练大模型包含了预训练大语言模型（可以简称为"大语言模型"），如图 4-2 所示。

图 4-2　人工智能与大模型的关系

人工智能和大模型是相互关联的。人工智能是研究和开发使机器能够模仿人类智能行为的技术和方法的学科，包括机器学习、自然语言处理、计算机视觉等。而大模型则是指训练过程中使用了大量数据和参数的模型，这些模型包含了大量的知识和规则，能够更好地模拟人类智能行为。

3. 人工智能生成内容

人工智能生成内容（AIGC，Artificial Intelligence Generated Content）是一种新的创作方式，利用人工智能技术来生成各种形式的内容，包括文字、音乐、图像、视频等。AIGC 的核心思想是利用人工智能算法生成具有一定创意和质量的内容。通过训练模型和大量数据的学习，AIGC 技术可以根据输入的条件或指导，生成与之相关的内容。

AIGC 技术不仅可以提高内容生产的效率和质量，还可以为创作者提供更多的灵感和支持。在文学创作、艺术设计、游戏开发、影视制作等领域，AIGC 可以自动创作出高质量的文本、图像、音频、视频等内容。同时，AIGC 也可以应用于媒体、教育、娱乐、营销、科研等领域，为用户提供高质量、高效率、高个性化的内容服务。

常见的 AIGC 工具如图 4-3 所示。

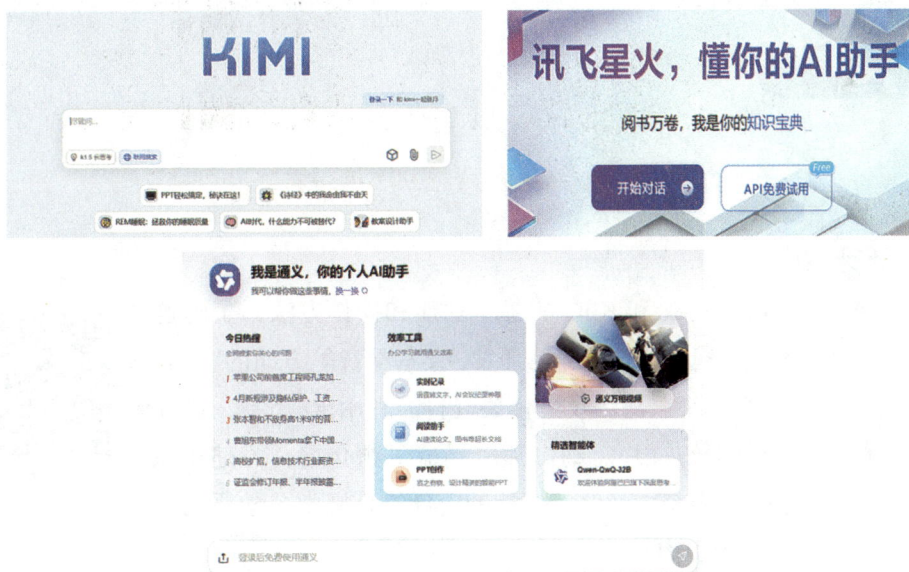

图 4-3 部分常见 AIGC 工具

4. 图文关联生成技术

图文关联生成技术是一种结合了文本和图像信息，以生成或增强内容的技术。该技术可以创建能够同时理解和生成文本与图像内容的模型，使得机器可以处理跨越文字和图像两种媒介的信息，并在两者之间建立有意义的联系。图文关联生成技术在许多应用场景中发挥着重要作用，如自动为文章生成配图，基于图片生成描述性文本（即图像字幕生成），跨模态信息检索等。

5. AI 生成幻灯片的工具

DeepSeek 是由中国人工智能公司深度求索开发的通用人工智能模型系列。凭借自然语言处理、机器学习与深度学习、大数据分析等核心技术优势，DeepSeek 在推理、自然语言理解与生成、图像与视频分析、语音识别与合成、个性化推荐、大数据处理与分析、跨模态学习及实时交互与响应等领域表现出色。它能进行逻辑推理解决复杂问题，理解和生成高质量文本，精准分析图像和视频内容，准确识别和合成语音，根据用户偏好提供个性化推荐，高效处理大规模数据并挖掘有价值的信息，实现多模态数据融合与学习，以及通过智能助手和聊天机器人实现快速的自然语言交互。

Kimi 是北京月之暗面科技有限公司推出的一款智能助手，主要应用场景为专业学术论文的翻译和理解、法律问题辅助分析、快速理解 API 开发文档等，是全球首个支持输入 20 万汉字的智能助手产品。

任务实践

AI 生成教育培训幻灯片

» 任务内容

熟悉 AI 工具 DeepSeek 和 Kimi 的基本功能和操作方法，了解这些工具在文本、图片与视频生成，工具开发，文本配音等方面的应用。

确定一个具体的培训主题并收集相关资料。利用 AI 工具，设计并制作一份完整的培训幻灯片。幻灯片应涵盖主题介绍、关键知识点、案例分析、总结等内容。确保幻灯片的设计符合视觉美学原则，内容准确无误且具有吸引力。

AI 生成幻灯片

» 实践步骤

1. 用 DeepSeek 生成幻灯片内容

（1）打开并登录 DeepSeek，选中对话框下面的"深度思考（R1）"，开启深度思考模式，如图 4-4 所示。

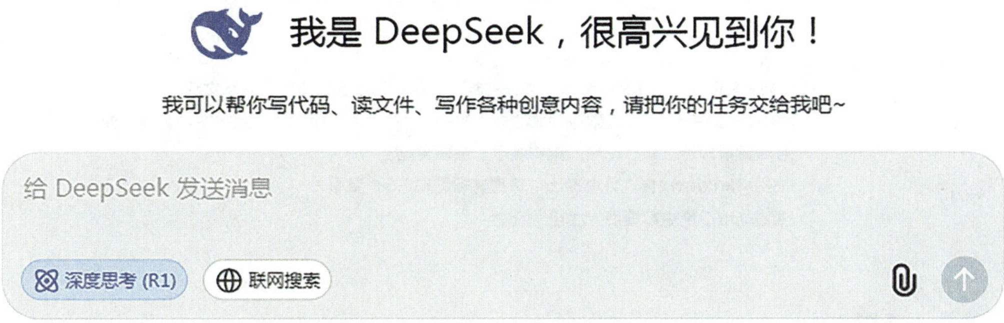

我是 DeepSeek，很高兴见到你！

我可以帮你写代码、读文件、写作各种创意内容，请把你的任务交给我吧~

给 DeepSeek 发送消息

⊗ 深度思考 (R1)　🌐 联网搜索　　　📎　↑

图 4-4　DeepSeek 深度思考模式

（2）设计提示词。可以参考以下模板结构：

【角色】你是一名专业的 PPT 制作专家，擅长将复杂内容转化为逻辑清晰的演示文稿。

【任务】我需要一份关于 [主题] 的 PPT 大纲，用于 [场景]，要求：
- 包含背景分析、核心论点、案例展示、总结展望；
- 使用 Markdown 格式分页输出，每页有标题和 3~5 个要点；
- 语言简洁，重点数据用 ** 加粗 ** 标注。

（3）在 DeepSeek 输入框中输入提示词，替换 [ ] 里的内容，如图 4-5 所示。

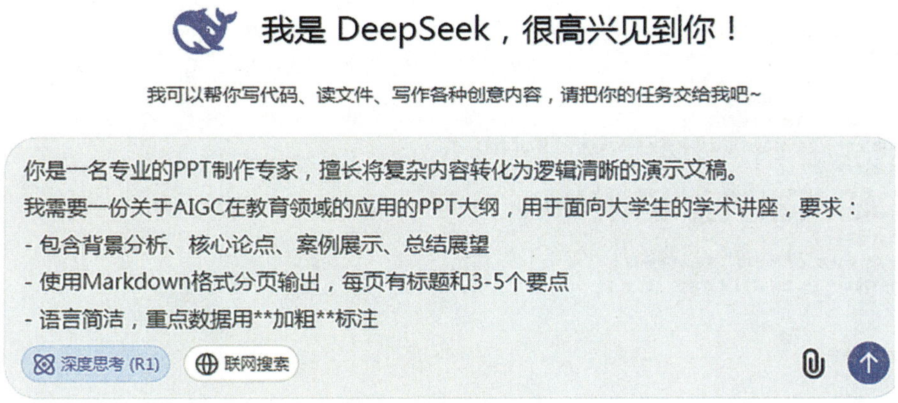

我是 DeepSeek，很高兴见到你！

我可以帮你写代码、读文件、写作各种创意内容，请把你的任务交给我吧~

你是一名专业的PPT制作专家，擅长将复杂内容转化为逻辑清晰的演示文稿。
我需要一份关于AIGC在教育领域的应用的PPT大纲，用于面向大学生的学术讲座，要求：
- 包含背景分析、核心论点、案例展示、总结展望
- 使用Markdown格式分页输出，每页有标题和3-5个要点
- 语言简洁，重点数据用**加粗**标注

⊗ 深度思考 (R1)　🌐 联网搜索　　　📎　↑

提示词

图 4-5　输入提示词

（4）点击发送按钮（↑），DeepSeek 进行深度思考，如图 4-6 所示。

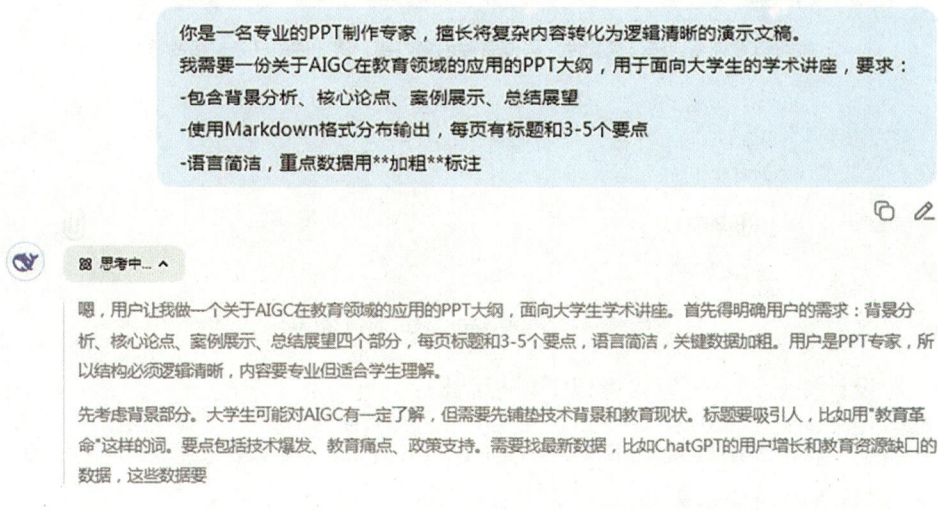

图 4-6　DeepASeek 深度思考

（5）生成的 Markdown 格式结果示例如图 4-7 所示。

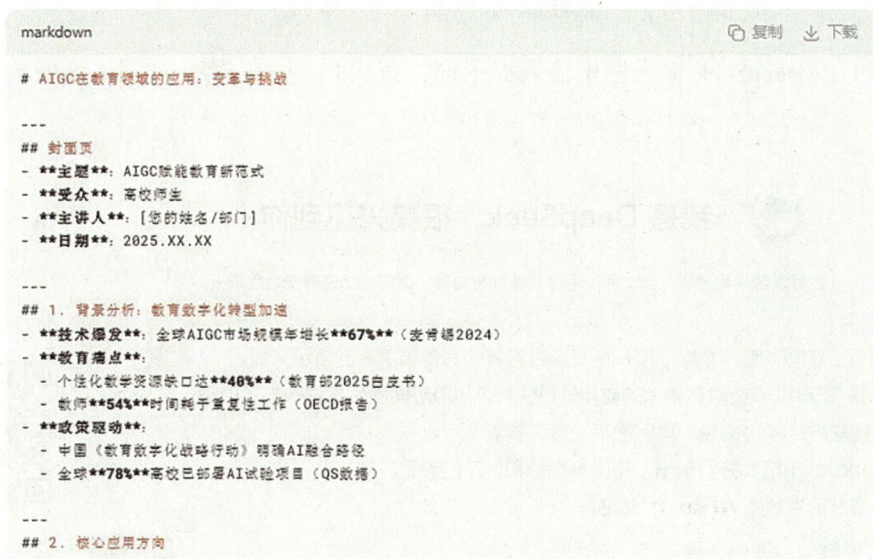

图 4-7　生成的 Markdwn 格式内容

2. 使用 Kimi 生成幻灯片

（1）打开并登录 Kimi，点击左侧的"Kimi+"，选择"PPT 助手"，如图 4-8 所示。

探索 Kimi+

官方推荐　办公提效　辅助写作　生活实用

官方推荐

PPT 助手
一键生成PPT创作
来自 kimi

医疗搜索
为医学类（包括生物/医学学术）问题提供...
来自 Kimi

学术搜索
学术问题？来问我！
来自 Kimi

Kimi 探索版
问题太复杂？用探索版搜搜看
来自 Kimi

翻译通
一键中英互译，直译意译，样样精通
来自 Alan

合同审查
一键上传，审核无忧
来自 Kimi + 幂律智能

图 4-8　Kimi ＋

（2）将 DeepSeek 生成的 Markdown 格式内容优化后复制到 Kim 的对话框中，点击发送按钮（↑），如图 4-9 所示。

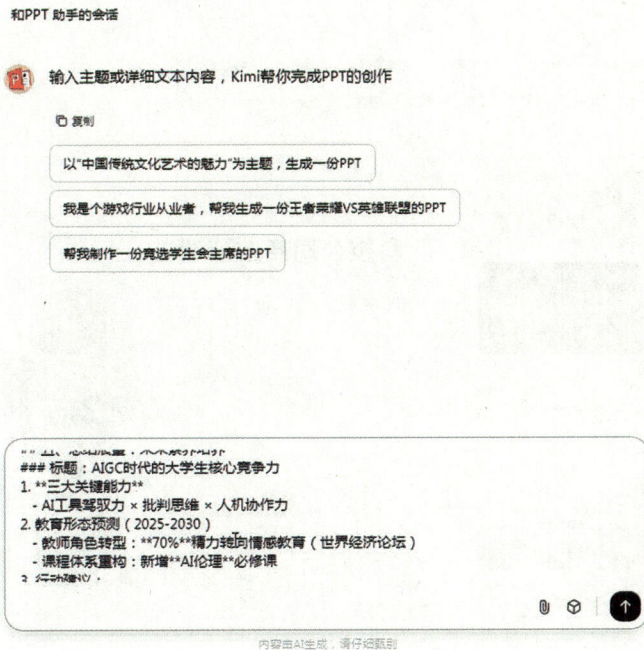

和PPT 助手的会话

输入主题或详细文本内容，Kimi帮你完成PPT的创作

复制

以"中国传统文化艺术的魅力"为主题，生成一份PPT

我是个游戏行业从业者，帮我生成一份王者荣耀VS英雄联盟的PPT

帮我制作一份竞选学生会主席的PPT

标题：AIGC时代的大学生核心竞争力
1. **三大关键能力**
   - AI工具驾驭力 × 批判思维 × 人机协作力
2. 教育形态预测（2025-2030）
   - 教师角色转型：**70%**精力转向情感教育（世界经济论坛）
   - 课程体系重构：新增**AI伦理**必修课

内容由AI生成，请仔细甄别

图 4-9　复制 Markdown 格式内容

（3）点击"一键生成 PPT"，如图 4-10 所示。

AIGC在教育领域的应用：变革与挑战 ∨

- AI工具驾驭力、批判思维和人机协作力是AIGC时代大学生必备的三大核心能力。掌握AI工具能够更好地利用技术资源；批判思维有助于辨别信息真伪；人机协作能力则能充分发挥人类和AI的优势，共同解决问题。

5.1.2 教育形态预测（2025-2030）

- 教师角色转型：70%精力转向情感教育（世界经济论坛）。课程体系重构：新增AI伦理必修课。未来教育将更加注重情感教育和伦理教育，培养学生的综合素质和道德素养，以适应AIGC时代的发展需求。

5.1.3 行动建议

- 建立校园AI沙盒实验室，为学生提供实践和探索的平台；开发「人类特长强化」课程模块，提升学生的独特优势。通过这些措施，能够更好地培养学生的未来素养，使他们具备在AIGC时代立足的能力。

图 4-10　生成 PPT

（4）选择模板，如图 4-11 所示。

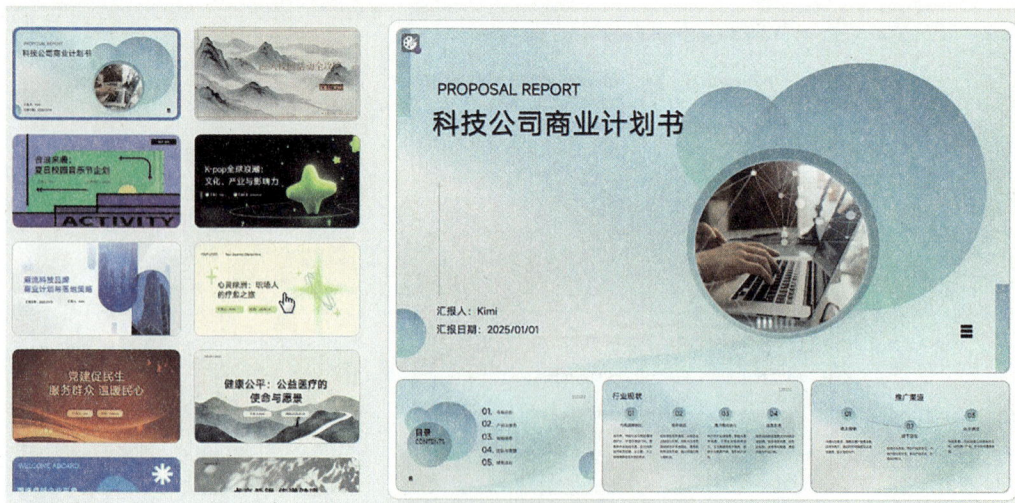

图 4-11　创建 PPT

（5）点击"生成 PPT"，生成 PPT 文件，如图 4-12 所示。

图 4-12　PPT 预览

（6）点击"去编辑"，进行逻辑优化和结构调整，如图 4-13 所示。

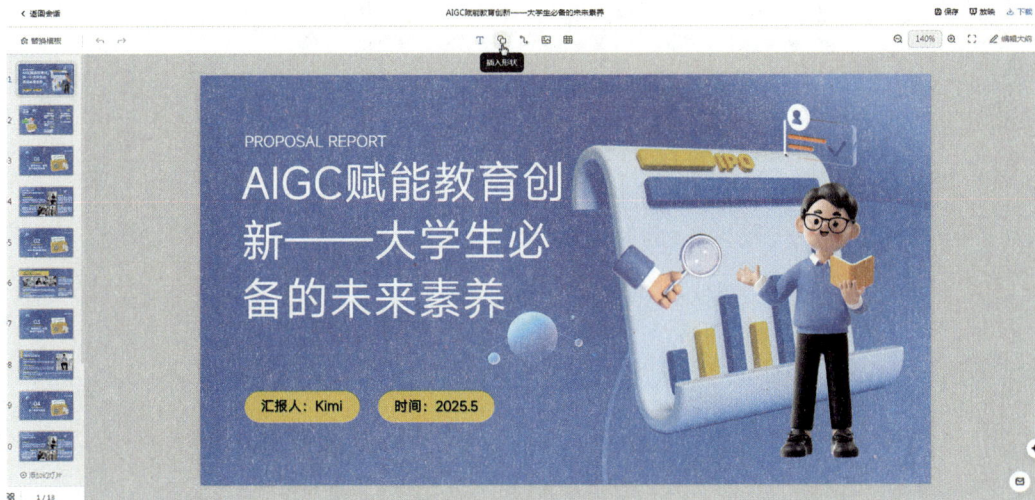

图 4-13　优化编辑

（7）点击"下载"按钮，选择下载格式"PPT（文字可编辑）"，点击"下载"。最终效果如图 4-14 所示。

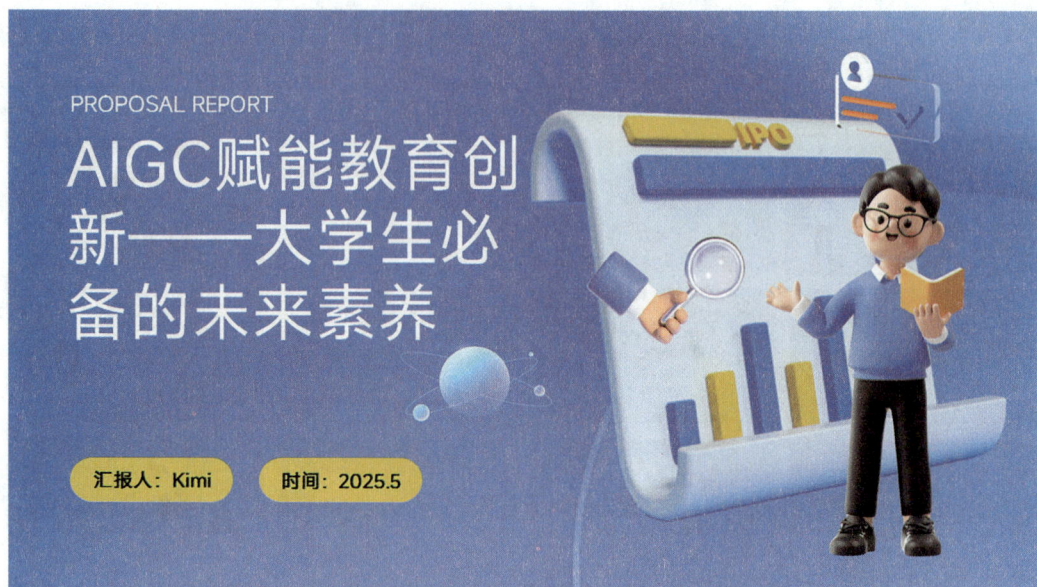

图 4-14　最终生成的幻灯片（PPT 格式）

任务实践小册

AI 生成教育培训幻灯片
任务情境活页工单

姓　名		班　级		学　号	
实训教室		学　时		日　期	
任务书					

任务名称	AI 生成教育培训幻灯片
任务描述	利用生成式大模型生成一份主题明确、内容完整、视觉效果良好的幻灯片，按照要求的活动主题、目的、时间安排、主要活动板块和预期效果等内容展示。通过任务实践，培养逻辑思维能力、内容策划能力，以及熟练应用生成式大模型工具的能力
任务要求	**任务质量要求：** 　掌握生成式大模型的基本定义及其应用原理。 　能完成幻灯片内容生成，信息全面且逻辑清晰。 　生成式大模型输出的幻灯片内容信息准确无误，无逻辑错误或表述不清。 　生成的幻灯片设计简洁美观，配色协调，字体清晰，图片和图表搭配合理。 **职业素养要求：** 　具有良好的沟通能力，能在小组内顺畅交流沟通。 　具有良好的职业意识，懂得奉献，懂得协作。 　具有团队合作精神，有意识培养团队凝聚力

任务步骤	工作步骤	要求	时间 /min	备注
	阅读任务书	了解任务内容	5	
		了解任务要求	5	
	任务实践	完成知识巩固	10	
		完成技能训练	20	

实操评估表

基本信息	姓　名		学　号		班　级		组　别	
	规定时间		完成时间		考核日期		总评成绩	

考核内容	序号	内容	评分标准	标准分	评分
	1	生成式大模型的基本定义及其主要应用	能表述生成式大模型的基本定义；能列举生成式大模型的主要应用	20	
	2	掌握生成式大模型典型工具及技术原理	能完成生成式大模型典型工具注册、登录及常规应用；能阐述生成式大模型典型工具技术原理	25	
	3	使用生成式大模型工具生成幻灯片	能熟练使用生成式大模型工具；能使用生成式大模型工具生成幻灯片；能调整优化幻灯片	25	
	4	幻灯片生成内容审核	能对生成式大模型工具输出的幻灯片内容进行仔细审核和修改；能及时修正内容中的逻辑错误或表述不清	20	
	5	团结协作	1.分工明确，工作任务目标明确，工作量明确，执行进度安排合理，获得5分。 2.分工较为明确，工作任务目标较为明确，工作量较为明确，执行进度安排较为合理，获得1~4分。 3.分工不明确，工作任务目标不明确，工作量不明确，执行进度安排不合理，不得分	5	
	6	沟通表达	1.愿意沟通，善于沟通，获得3分。 2.愿意沟通，但不善于沟通，获得1~2分。 3.不愿意沟通，不得分	3	
	7	工单填写	1.完整完成工单，获得2分。 2.未完整完成工单，不得分	2	
教师评语					

任务2　撰写直播创意脚本

任务导入

随着人工智能技术的迅猛发展，AI 生成内容正以前所未有的速度融入我们的日常生活。无论是文字创作、图像设计还是视频剪辑，AI 凭借其强大的算法和海量数据处理能力，已经能够快速生成高质量的内容。只需用户输入简单的关键词或描述性语句，AI 便能根据需求生成符合预期甚至超越想象的结果。

例如，在图文领域，AI 可以轻松创作出风格多样的插画、海报或文章；在视频领域，AI 可以通过智能剪辑、特效添加及语音合成等技术，制作出具有专业水准的短视频或动画。这种"技术普及化"的发展趋势使得普通人无须具备深厚的专业技能，也能借助 AI 工具实现创意表达，极大地降低了内容生产的门槛。

尽管 AI 为内容生产带来了巨大的便利性和创新潜力，但其广泛应用也伴随着一系列争议。一方面，AI 生成内容在提升效率的同时，缺乏真正的情感深度和独创性，容易导致同质化问题；另一方面，版权归属、伦理边界等问题也随之浮现，AI 生成内容缺乏原创性，尤其是涉及模仿他人作品或生成虚假信息时。如何确保 AI 使用的合法性和道德规范性成为亟待解决的关键议题。

课堂讨论

生成式大模型技术在内容撰写中可以发挥哪些作用？利用人工智能生成的内容是否构成"作品"？

任务目标

» 知识目标

了解直播脚本的基本结构和创作流程；

掌握 AIGC 大模型提示词的设计逻辑及其在创意脚本撰写中的应用；

理解直播内容的优化设计原则。

» **能力目标**

能够利用生成式大模型快速生成直播脚本初稿；

能够对脚本进行创意优化和逻辑调整；

能够结合直播平台的特点设计互动环节。

» **素养目标**

培养创意表达能力和团队协作能力；

提升对直播内容的审美和用户体验意识。

» **任务重难点**

重点：利用生成式大模型快速生成脚本初稿；

难点：根据平台特点优化脚本内容。

任务知识

1. 生成式 AI 与判别式 AI

生成式 AI 和判别式 AI 是两种常见的人工智能建模方法。生成式 AI 的目标是理解并模拟数据的生成过程，从而能够生成与训练数据相似但又不完全相同的新数据，它从训练数据中学习数据的分布，并生成新的数据样本，这些样本与原始数据样本具有相似的统计特征。判别式 AI 的目标是对输入数据进行分类或回归，并预测其对应的标签或属性，它直接学习并建立输入数据与输出标签之间的映射关系。

2. 大模型的"预训练＋微调"机制

大模型的"预训练＋微调"机制是现代自然语言处理（NLP）和机器学习领域中一种非常有效的模型训练策略，尤其是在处理大规模数据集和复杂任务时。这一机制主要分为两个阶段，预训练（Pre-training）和微调（Fine-tuning）。预训练是指在一个大型的、（通常是）无标注的数据集上训练模型的过程，目的是让模型学习到丰富的语言结构和模式，这些知识可以跨多种任务通用；微调是在一个较小的、与特定任务相关的标注数据集上进一步训练模型的过程，这个阶段模型会调整其参数以更好地适应目标任务的具体要求。

3. 大模型文本生成技术

大模型文本生成技术基于深度学习框架，通过多层神经网络对语言数据进行建模。其基本原理是利用大规模语料库中的文本数据，训练一个能够捕捉语言统计规律和语义信息的模型。在训练过程中，模型通过学习单词、短语、句子之间的关联，生成符合语法和语义规则的文本。

4. 直播脚本的基本要素

要编写直播脚本，通常要了解脚本结构、掌握内容撰写技巧，并清楚时间管理的重要性。直播脚本的基本结构通常包括开场白、产品介绍、互动环节和结尾等部分。内容撰写需创作引人入胜的开场白、确保产品介绍简洁明了且具说服力，设计有效的互动环节以保持观众的兴趣和参与度。时间管理是通过规划每个环节的时间分配，使整个直播过程紧凑有序，同时给观众带来优质的观看体验。

5. 直播的流程

直播的基本流程包括直播准备、平台选择、设备准备、内容准备和后续处理等方面。在进行直播之前，需要明确直播内容和计划，并选择合适的直播平台。在直播过程中，需要保证直播设备的正常运行和直播内容的质量，以及与观众进行互动。在直播结束后，需要对直播内容进行整理和处理，并进行数据分析。只有熟悉并掌握了这些基本流程，才能够确保直播的顺利进行。

6. AI 直播脚本生成工具

文心一言（ERNIE Bot）是百度打造的大语言模型，能够实现与人对话互动、回答问题、协助创作，高效便捷地帮助人们获取信息、知识和灵感。文心一言从数万亿数据和数千亿知识中融合学习，得到预训练大模型，在此基础上采用有监督精调、人类反馈强化学习、提示等技术，具备知识增强、检索增强和对话增强等技术特点。

快文（copydone）是一款基于 AI 的营销内容创作工具，可以一键生成多种类型的营销内容。它可以智能生成大量的营销文案，适应国内及海外各类营销平台的风格，覆盖了丰富的产品类型。copydone 集成了文字、图片、音视频等多种模态内容的智能生成能力，只需几分钟即可在线生成适用于多平台推广的短视频。

任务实践

AI 辅助生成直播课程脚本

» **任务内容**

选择一个特定主题，使用 AI 工具生成一份适合直播的文字脚本。脚本应包括（但不限于）以下部分：开场白、主要内容段落、问答互动环节，以及总结。

对 AI 生成的内容进行人工编辑和优化，确保脚本语言流畅、逻

AI 生成直播脚本

辑清晰，且具有吸引力。

» **实践步骤**

（1）选择确定直播脚本主题，例如设定主题为"突破学习边界，开启高效学习新时代"。

（2）根据直播需求分析并设计提示词。

【提示词示例】教育科技公司计划通过在线直播课程突破传统教育模式的局限，以高效、互动的方式吸引更广泛的学习者群体。直播主题为"突破学习边界，开启高效学习新时代"，目标受众包括在校学生、职场人士及自学爱好者。直播内容将围绕课程亮点展开，突出课程设计的创新性和讲师团队的专业性。同时，直播中将设置互动环节，增强观众参与感。视觉呈现方面，将使用高清设备和简洁专业的背景，确保内容直观易懂。直播中引导观众点赞、分享，直播后提供回放并推送优惠信息。核心卖点为高效学习、专业团队支持、强互动性和高性价比，旨在通过直播提升品牌曝光度和用户转化率。

你作为本次活动的主要策划人员，需要完成这场直播脚本的撰写，那么在撰写直播脚本时需要有什么流程，注意哪些要点？

提示词

（3）打开文心一言平台（https://yiyan.baidu.com/），如图4-15所示，登录账号。

图4-15 文心一言平台

（4）在对话框中输入提示词，如图 4-16 所示，点击发送按钮。

图 4-16　输入提示词

（5）平台根据提示词生成直播脚本撰写流程及要点，如图 4-17 所示。

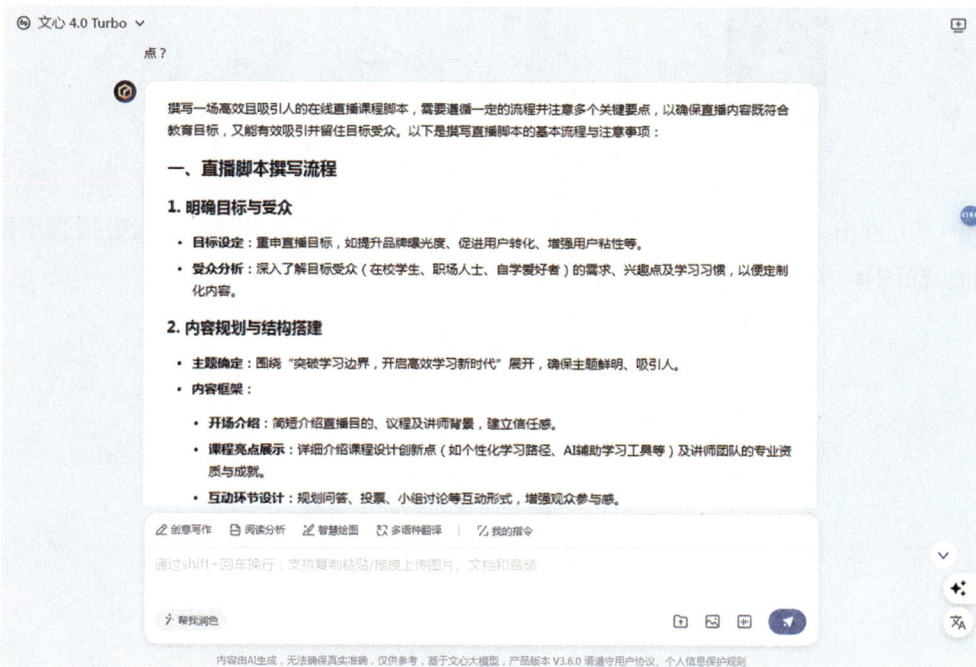

图 4-17　平台根据提示词生成结果

（6）打开 copydone 平台（https://copyai.cn/），如图 4-18 所示，登录账号，如图 4-19 所示。

图 4-18　copydone 平台

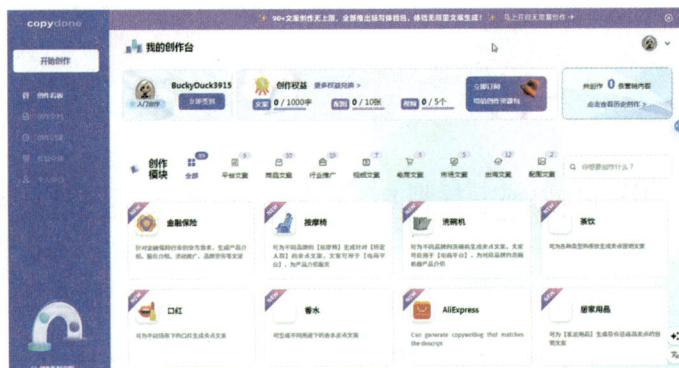

图 4-19　copydone 创作台

（7）点击"开始创作"，选择"视频文案"→"直播脚本"，进入直播脚本撰写界面，如图 4-20 所示。

图 4-20　直播脚本设置

（8）选择输出语言（中文）、所属行业（教育培训）、脚本类型（对话式），输入产品、产品介绍、核心卖点等信息，如图 4-21 所示。

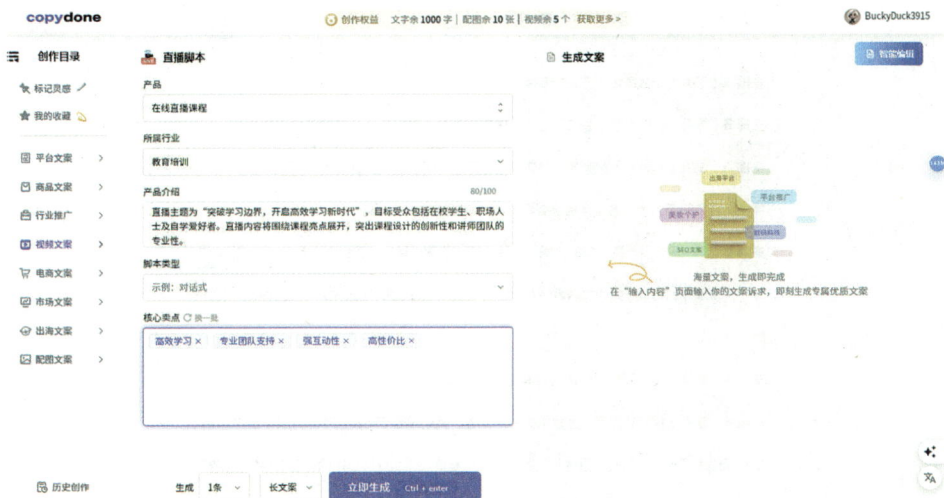

图 4-21　填写直播脚本信息

（9）点击"立即生成"按钮，在"生成文案"栏生成直播脚本初稿。

（10）优化直播脚本。点击"智能编辑"按钮，查看脚本初稿，重点审核生成的脚本中是否存在违禁词或高风险词。

（11）点击"直播脚本"区右上角的"智能编辑"按钮（🔲），脚本将被复制到右侧智能编辑区中。可以利用"AI辅写"功能对脚本进行润色、扩写等，如图 4-22 所示。

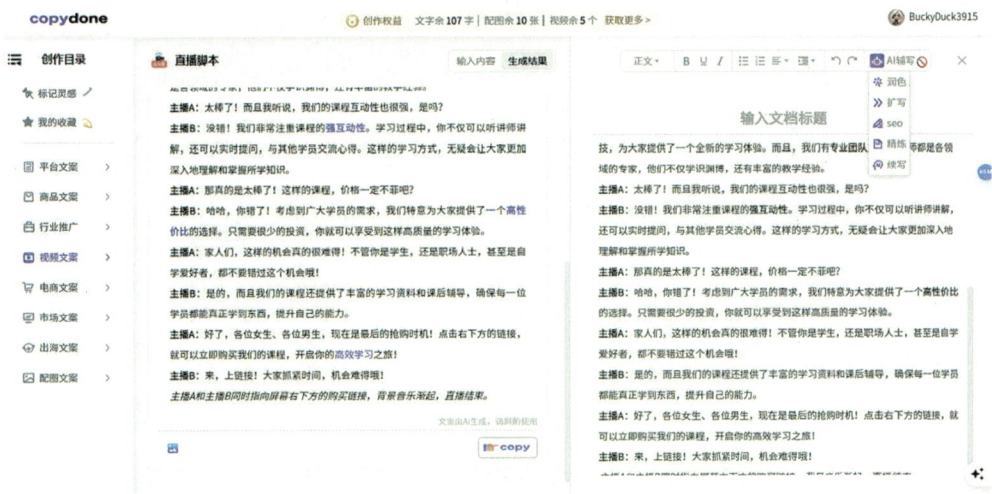

图 4-22　优化直播脚本

（12）点击右侧智能编辑区下方的"copy"按钮，可将修改完成的直播脚本复制到剪贴板，在文档编辑器中粘贴即可，如图 4-23 所示。

突破学习边界，开启高效学习新时代

主播A：家人们，大家好！欢迎来到我们今天的直播间！

主播B：是啊，各位女生、各位男生，今晚我们要给大家带来一场特别的学习盛宴！

主播A：没错！今晚的主题就是"突破学习边界，开启高效学习新时代"！无论你是在校的学生，还是职场人士，甚至是自学爱好者，都不要错过哦！

主播B：对，我们今天要介绍的课程，真的是亮点满满！首先，我们强调的是高效学习。在这个信息爆炸的时代，如何高效地筛选、吸收和运用知识，成了我们每个人都需要掌握的技能。

主播A：的确如此。那我们的课程有哪些独特之处呢？

主播B：首先，我们的课程设计非常具有创新性。我们结合了传统的学习方法与现代科技，为大家提供了一个全新的学习体验。而且，我们有专业团队支持，讲师都是各领域的专家，他们不仅学识渊博，还有丰富的教学经验。

主播A：太棒了！而且我听说，我们的课程互动性也很强，是吗？

主播B：没错！我们非常注重课程的强互动性。学习过程中，你不仅可以听讲师讲解，还可以实时提问，与其他学员交流心得。这样的学习方式，无疑会让大家更加深入地理解和掌握所学知识。

主播A：那真的是太棒了！这样的课程，价格一定不菲吧？

主播B：哈哈，你错了！考虑到广大学员的需求，我们特意为大家提供了一个高性价比的选择。只需要很少的投资，你就可以享受到这样高质量的学习体验。

图 4-23　完成的直播脚本

任务实践小册

AI 辅助生成直播课程脚本
任务情境活页工单

姓　名		班　级		学　号	
实训教室		学　时		日　期	
任务书					
任务名称	AI 辅助生成直播课程脚本				
任务描述	根据生成式大模型的技术特点，构思并撰写一个具有创意性、实用性和可操作性的直播脚本。脚本内容需涵盖直播主题设定、目标受众分析、内容框架搭建、互动环节设计、视觉呈现规划及后续推广策略等关键要素。通过完成此任务，掌握将人工智能技术转化为实现应用方案的能力，为未来职业生涯打下坚实基础				
任务要求	**任务质量要求：** 了解大模型文本的生成技术原理。 能使用 AI 工具生成内容完整、逻辑清晰的脚本。 能将个人创意巧妙融入直播脚本中。 直播脚本内容需具备实际可行性。 **职业素养要求：** 具有团队协作意识，具有沟通、协调与分工合作能力。 具有批判性思维，能够对脚本内容进行优化				
任务步骤	工作步骤	要求	时间 /min	备注	
	阅读任务书	了解任务内容	5		
		了解任务要求	5		
	任务实践	完成知识巩固	10		
		完成技能训练	20		

实操评估表

基本信息	姓　名		学　号		班　级		组　别	
	规定时间		完成时间		考核日期		总评成绩	
考核内容	序号	内容		评分标准		标准分	评分	
	1	大模型文本生成技术原理		能简述生成式 AI 与判别式 AI 的差别；能理解大模型文本生成技术原理		20		
	2	直播脚本撰写要点及要素		能阐述直播脚本撰写要点；能列举直播脚本的基本要素		25		
	3	典型 AI 内容生成工具		能够注册并登录 AI 内容生成工具；能够完成 AI 内容生成工具基本操作		25		
	4	使用 AI 工具完成直播脚本的撰写		能使用文心一言完成直播脚本撰写流程分析；能使用 copydone 完成直播脚本撰写并优化		20		
	5	团结协作		1.分工明确，工作任务目标明确，工作量明确，执行进度安排合理，获得 5 分。 2.分工较为明确，工作任务目标较为明确，工作量较为明确，执行进度安排较为合理，获得 1~4 分。 3.分工不明确，工作任务目标不明确，工作量不明确，执行进度安排不合理，不得分		5		
	6	沟通表达		1.愿意沟通，善于沟通，获得 3 分。 2.愿意沟通，但不善于沟通，获得 1~2 分。 3.不愿意沟通，不得分		3		
	7	工单填写		1.完整完成工单，获得 2 分。 2.未完整完成工单，不得分		2		
教师评语								

任务3　策划 AI 短视频

任务导入

AI 生成视频技术的核心在于深度学习模型与海量数据的结合，使得视频内容的自动化生成成为可能。近年来，AI 生成视频技术取得了显著进展，已被广泛应用于多个领域，如影视制作、广告营销和在线教育等。AI 生成视频还被用于虚拟主播、游戏开发及社交媒体内容创作中，为用户提供了更加丰富和强互动性的内容体验。

尽管 AI 生成视频技术展现出巨大潜力，但仍面临诸多挑战。首先，是内容的真实性问题，AI 生成的视频可能存在深度伪造风险，这不仅威胁到个人隐私，也可能对社会舆论造成误导；其次，现有技术在复杂场景下的表现仍有不足，尤其是在情感表达和细节处理方面，AI 生成的内容往往缺乏人类创作者的独特视角与细腻触感。随着伦理规范和技术标准的逐步完善，AI 生成视频有望在更广泛的范围内实现安全可靠的商业化应用。

课堂讨论

生成式大模型在短视频策划中的优势是什么？如何确保生成的视频内容既符合教育科技公司的品牌形象，又能满足短视频平台用户的喜好和需求？

任务目标

» 知识目标

掌握视频生成大模型的核心技术架构及其工作原理；

了解短视频的基本制作流程和内容策划原则；

掌握生成式大模型在短视频策划中的应用。

» 能力目标

能够利用生成式大模型快速生成短视频创意和脚本；

能够结合 AI 工具进行短视频的视觉设计和剪辑；

能够根据平台特点优化短视频内容。

» **素养目标**

培养创意策划能力和视觉审美能力；

提升对短视频内容的传播意识和用户体验的关注；

建立 AI 视频生成的技术伦理意识。

» **任务重难点**

重点：利用生成式大模型快速生成短视频创意和脚本；

难点：根据平台特点优化短视频内容。

任务知识

1. 生成式模型技术与视频生成大模型

生成式模型技术是 AI 短视频策划的核心支撑，主要语言生成模型、视觉生成模型和多模态模型三类。语言生成模型能够自动生成短视频的创意脚本、旁白文案及互动提示语，确保内容逻辑清晰且符合主题；视觉生成模型可快速生成相关的动态演示素材、信息图表或场景动画，增强内容的可视化表达；多模态模型则通过整合文本、图像与视频的协同生成能力，实现"创意脚本＋视觉内容"的一体化输出。

视频生成大模型是基于深度学习算法框架，通过多模态数据对齐与时空序列建模技术，实现视频内容自动化生成、编辑与增强的智能系统。视频生成大模型可将文本描述、静态图像、动作捕捉数据等输入源转化为高质量视频序列，还支持视频风格迁移、场景动态重建、人物表情驱动、智能剪辑等复杂创作需求，在影视工业化、广告营销、教育数字化等领域拥有广泛的应用场景，如图 4-24 所示。

图 4-24　视频生成大模型场应用场景

2. 代表性视频生成大模型

目前常见的视频生成大模型有 Runway Gen-4、Sora、可灵、Goku、即梦 AI 等。

Runway Gen-4 于 2025 年 4 月 1 日发布，擅长生成具有逼真动作以及主题、对象和风格一致性的高度动态视频，还可以通过"视觉参考＋文本指令"的组合，在不同光照、角度和动作下生成连贯画面。

OpenAI 的 Sora 采用 Transformer ＋ Diffusion 模型组合，可根据文本、图像和视频输入生成高质量的视频，实现视频生成的连贯性和准确性。

快手旗下的视频生成大模型可灵，在物理仿真方面表现出色，生成视频的物理真实感较强，其生成的视频在视频 - 文本一致性、视频质量、运动质量等维度表现出色。

Goku 是由香港大学与字节跳动联合研发的多模态 AI 视频生成模型，基于先进的 rectified flow Transformer 框架，支持文生视频、图生视频及文生图等多种模式。

即梦 AI 基于"让灵感即刻成片"的使命，支持通过自然语言及图片输入，生成高质量的图像及视频，为众多设计师及艺术爱好者提供得心应手的创作工具和源源不断的创作灵感。

3. 短视频策划的核心流程

短视频策划的核心流程包括目标分析和内容设计。

在目标分析阶段，首先要明确受众需求，短视频内容应围绕明确主题展开。

在内容设计方面，可以利用生成式 AI 快速生成多版本文本脚本，筛选出结构清晰的版本，并匹配 AI 推荐的视觉素材。

最后通过 AI 技术生成画面和动态字幕效果，同步关注版权合规性与内容真实性，形成"策划—生成—测试—迭代"的闭环流程。

任务实践

AI 生成文旅宣传视频

» 任务内容

通过使用人工智能技术，结合文旅元素，制作一段具有吸引力的文旅宣传视频。学习如何利用 AI 工具进行视频创作与剪辑，并理解文旅宣传片的创作要点和制作流程。

AI 生成视频

» 实践步骤

（1）根据目标分析与受众定位，选择一个视频主题，如"黄河岸边的古村落"。

（2）打开并登录 DeepSeek，输入提示词，如图 4-25 所示，生成初步脚本，优化互动环节。

【提示词示例】我想做一个关于以"黄河岸边的古村落"为主题的 AI 视频，以视频脚本表格形式帮我设计一下脚本、文案、画面，包含时间轴，大约 30 秒。

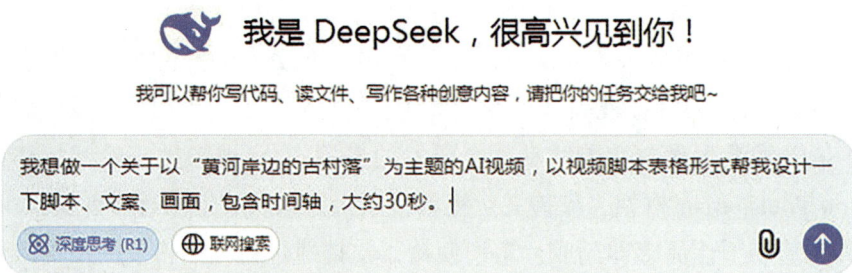

图 4-25　脚本提示词

（3）DeepSeek 对提示词进行分析，如图 4-26 所示。

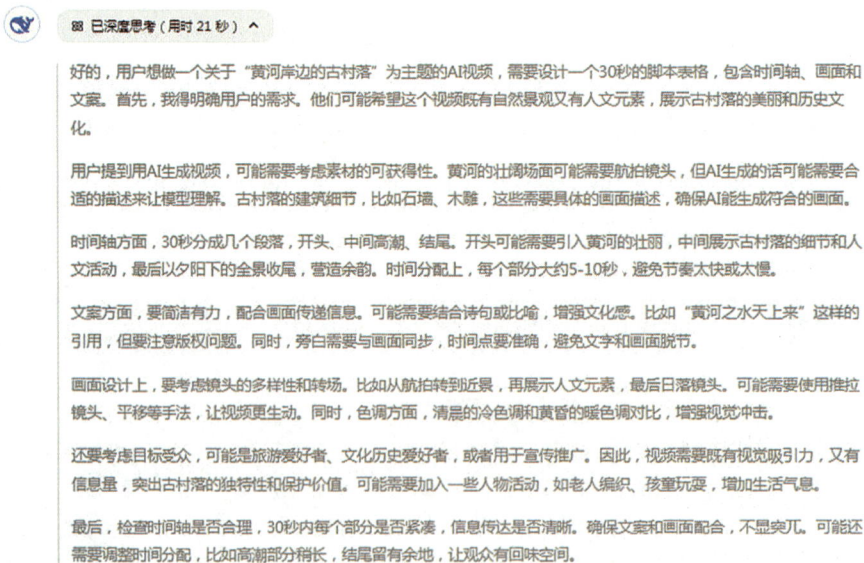

图 4-26　DeepSeek 深度思考

（4）DeepSeek 根据要求生成脚本，如图 4-27 所示。

时间轴	画面描述	文案
0:00-0:05	航拍视角：蜿蜒的黄河在晨雾中若隐若现，岸边错落分布着青瓦古建群	（浑厚男声旁白）"黄河之水天上来，千年古村守岸开"
0:05-0:10	推近镜头：布满岁月痕迹的夯土墙，石雕门楣特写，光影在砖雕窗棂间流转	"石墙镌刻百代沧桑，木雕诉说往昔辉煌"
0:10-0:15	平移镜头：石板路上老农牵驴走过，孩童举着风车跑过斑驳的祠堂外墙	"驼铃声碎旧商道，童谣映醒古时光"
0:15-0:20	仰拍视角：百年古槐树下，老人编织芦苇席，背景是层叠的黄土窑洞	"槐荫犹护旧时院，巧手仍续祖辈艺"
0:20-0:25	延时摄影：夕阳将古村染成金色，黄河波光与炊烟在暮色中交融	"长河落日炊烟起，新旧时光共此息"
0:25-0:30	全景淡出：无人机视角拉升，古村与黄河构成太极阴阳图般的自然肌理	"千年守望的智慧，正在黄土与浪花间生生不息……"（渐弱）

备注：

1. 建议整体色调采用青灰+土黄的古朴色系
2. 背景音乐使用埙+古琴的黄河民乐改编旋律
3. 转场可加入水墨晕染效果增强古韵
4. 关键帧可添加动态书法标题「大河古韵」

这个脚本设计注重：

给 DeepSeek 发送消息

深度思考 (R1)　联网搜索

视频脚本

图 4-27　生成脚本

（5）在此基础上，对脚本的画面进一步优化，如图 4-28 所示。

【提示词示例】你是擅长各种专业创作领域的 AI 视觉艺术家，请你帮我把【你的描述＋专业】优化改写，打造行业级摄影摄像提示词。要求：植入该专业领域专业名词细节、构建专业级光影矩阵及材质特征、强化真实感与情绪穿透力。

你是擅长各种专业创作领域的AI视觉艺术家，请你帮我把【航拍视角：蜿蜒的黄河在晨雾中若隐若现，岸边错落分布着青瓦古建群+摄影】优化改写，打造行业级摄影摄像提示词。要求：植入该专业领域专业名词细节、构建专业级光影矩阵及材质特征、强化真实感与情绪穿透力。

深度思考 (R1)　联网搜索

图 4-28　分镜头画面优化提示词

优化后的提示词如图 4-29 所示。

「破晓曲流：黄河文明的地质切片」

运用ARRI ALEXA 65变形宽银幕镜头（2.39:1画幅），在120米航高捕捉第四纪黄土台地剖面。晨雾介质产生瑞利散射与米氏散射叠加效应，形成45°入射的丁达尔光锥。S型河道呈现牛顿流体特性，长曝光30秒达成液态金属质感。岸边明代建筑群可见：

- 青釉陶瓦（釉面反射率0.32±0.05）
- 夯土墙钙质网纹（碳酸盐结晶直径0.3-1.2mm）
- 元代敌台收分墙体（《营造法式》1:0.07斜率）

图 4-29　优化后的脚本画面提示词

（6）打开即梦 AI 平台（https://jimeng.jianying.com/），如图 4-30 所示。

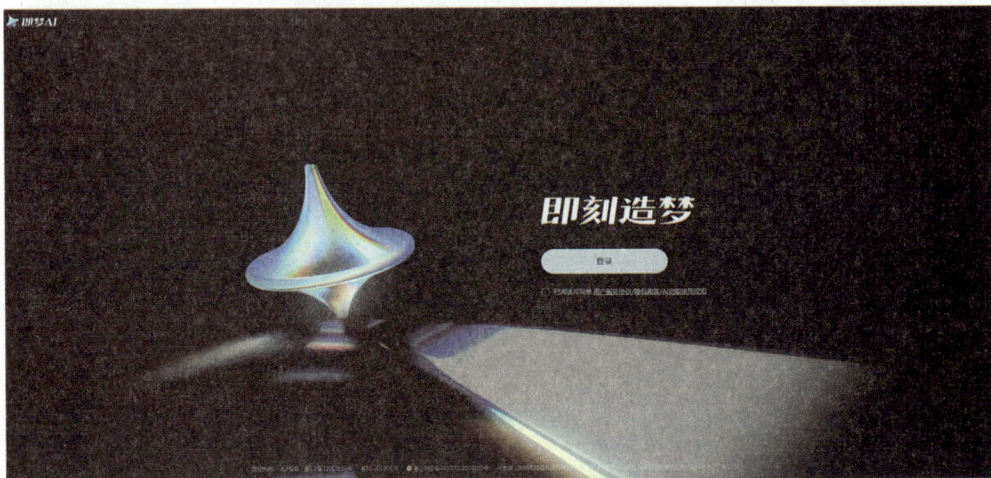

图 4-30　即梦平台

（7）选择"AI 作图"下的"图片生成"，如图 4-31 所示。

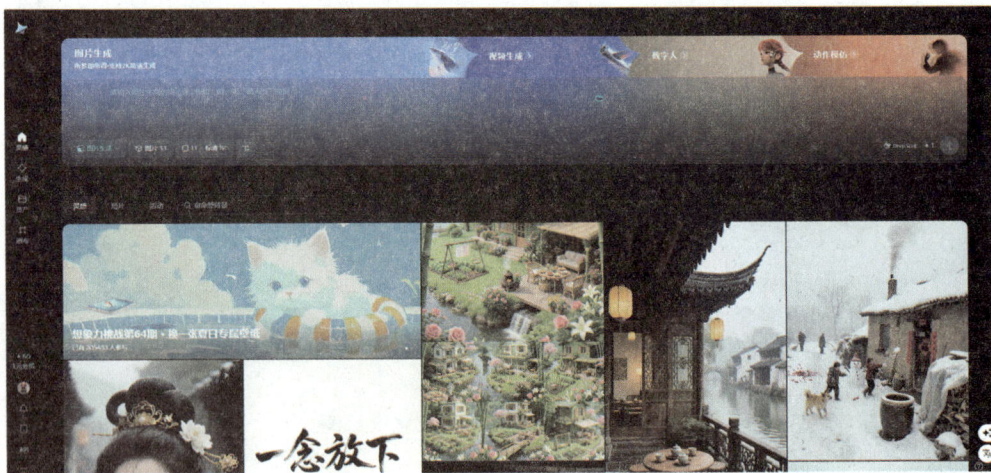

图 4-31　图片生成

（8）选择"图片生成"选项卡。将提示词粘贴至对应文本框，设置生图模型、清晰度、图片比例、图片尺寸后，点击"立即生成"按钮，完成图片生成。对生成的图片，可继续输入提示词进行优化。如图 4-32 所示。

图 4-32 图片生成

（9）选择符合要求图片，下载原图，如图 4-33 所示。

图 4-33 下载的原图

（10）选择"视频生成"选项卡下的"图片生视频"卡片，进入视频生成界面，如图4-34所示。

图4-34　图片生视频

（11）点击"上传图片"，将分镜头图片上传，将视频脚本画面提示词输入对应对话框，点击下方的"生成视频"按钮，如图4-35所示。

图4-35　生成视频

（12）根据需要对视频进一步润色优化，最后生成分镜头视频片段，如图4-36所示。

（13）依次完成所有的分镜头视频片段。

图 4-36　优化生成视频

（14）下载并安装剪映软件。打开剪映软件，点击"开始创作"，如图 4-39 所示，进入操作界面。

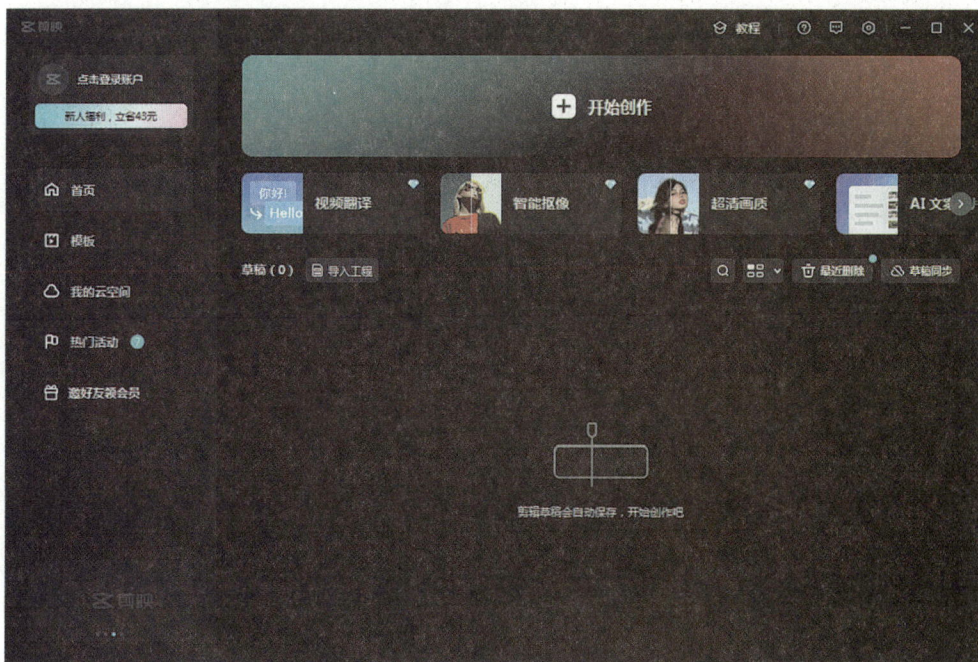

图 4-37　剪映创作界面

（15）将分镜头视频素材导入，如图 4-38 所示。

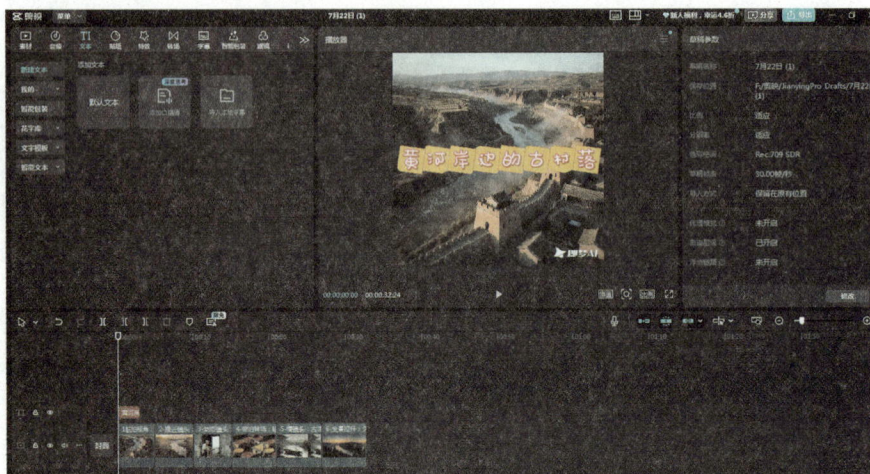

图 4-38　导入视频素材

（16）选择并添加适宜的"音频"。

（17）优化后导出视频，生成效果如图 4-39 所示。

图 4-39　生成最终视频

任务实践小册 🔗

AI 生成文旅宣传视频
任务情境活页工单

姓　名		班　级		学　号	
实训教室		学　时		日　期	
任务书					

任务名称	AI 生成文旅宣传视频
任务描述	使用视频生成大模型工具完成一个短视频的全流程策划与制作，包括目标分析、脚本生成、素材匹配及简单剪辑，最终输出一个 30 秒的短视频
任务要求	**任务质量要求：** 掌握视频生成大模型的技术原理。 掌握短视频策划的核心流程。 使用视频生成大模型工具完成短视频策划与制作。 **职业素养要求：** 具有良好的沟通能力，能在小组内顺畅交流沟通。 具有良好的职业意识，懂得奉献，懂得协作。 具有团队合作精神，有意识培养团队凝聚力

任务步骤	工作步骤	要求	时间 /min	备注
	阅读任务书	了解任务内容	5	
		了解任务要求	5	
	任务实践	完成知识巩固	10	
		完成技能训练	20	

实操评估表

基本信息	姓　名		学　号		班　级		组　别	
	规定时间		完成时间		考核日期		总评成绩	
考核内容	序号	内容		评分标准		标准分	评分	
	1	视频生成大模型技术原理		能表述视频生成大模型的技术原理；能表述生成式大模型的三种类型		20		
	2	短视频策划的核心流程		能阐述短视频策划的核心流程；能写出短视频策划的闭环流程		25		
	3	国内外代表性视频生成大模型		了解国内外代表性视频生成大模型的主要功能		25		
	4	AI 生成短视频的全流程策划与制作		能完成 AI 生成短视频的脚本策划；能完成 AI 生成短视频的分镜头制作；能剪辑并合成短视频		20		
	5	团结协作		1.分工明确，工作任务目标明确，工作量明确，执行进度安排合理，获得 5 分。 2.分工较为明确，工作任务目标较为明确，工作量较为明确，执行进度安排较为合理，获得 1~4 分。 3.分工不明确，工作任务目标不明确，工作量不明确，执行进度安排不合理，不得分		5		
	6	沟通表达		1.愿意沟通，善于沟通，获得 3 分。 2.愿意沟通，但不善于沟通，获得 1~2 分。 3.不愿意沟通，不得分		3		
	7	工单填写		1.完整完成工单，获得 2 分。 2.未完整完成工单，不得分		2		
教师评语								

拓展延伸

一键模特换衣试装

　　2024 年 12 月，可灵 AI 推出 AI 模特功能，通过生成式大模型与多模态技术的结合，实现了用户上传服装图片后自动生成虚拟模特试穿的效果。该功能不仅加强了语义理解能力，还大幅提升了真人效果，审美也得到了显著提升。用户通过对性别、年龄、肤色等进行简单设置，即可快速生成高质量的 AI 模特图。可灵在年龄和人种的区分上表现出色，其肤色的选择直接影响人种，同时能够精准捕捉不同人种的特点，这解决了传统模式下外籍模特成本高昂的痛点。

　　AI 模特不仅体现了生成式大模型在时尚科技领域的创新潜力，更凸显了技术与用户体验的平衡之道。

　　根据以上案例，分析生成式大模型在实际场景中的应用逻辑，掌握从技术实现到产品落地的全流程，并培养跨学科思维与伦理意识，为未来参与 AI 创新项目奠定基础。

巩固提升

单选题

1. 生成式大模型的核心定义是（　　　　）。

　　A. 仅用于图像分类的小型神经网络

　　B. 具有庞大参数规模并能处理大规模数据的机器学习模型

　　C. 仅支持文本翻译的轻量级模型

　　D. 专用于语音识别的传统算法

2. 人工智能与大模型的关系是（　　　　）。

　　A. 大模型是人工智能的子集，属于预训练模型

　　B. 人工智能与大模型完全独立

　　C. 大模型仅用于计算机视觉任务

　　D. 人工智能的核心是大模型，二者概念等同

3. 图文关联生成技术的主要应用场景是（　　　）。

    A. 仅用于生成纯文本内容

    B. 为文章自动生成配图或为图片生成描述性文字

    C. 仅用于视频剪辑

    D. 专用于语音合成

4. （　　　）是 AI 生成幻灯片的典型代表软件。

    A. Photoshop　　　　　　　　　B. DeepSeek

    C. Excel　　　　　　　　　　　D. AutoCAD

5. 在 DeepSeek 中生成幻灯片内容时，提示词设计的核心要求是（　　　）。

    A. 必须使用英文输入

    B. 需包含角色设定、任务目标和生成格式

    C. 仅需输入主题名称

    D. 必须手动编写所有内容

6. 生成式 AI 与判别式 AI 的核心区别是（　　　）。

    A. 生成式 AI 生成新数据，判别式 AI 分类数据

    B. 生成式 AI 仅用于语音识别

    C. 判别式 AI 生成图像，生成式 AI 分类图像

    D. 两者无本质区别

7. 大模型的"预训练＋微调"机制中，预训练的目的是（　　　）。

    A. 学习特定任务的标注数据

    B. 从大规模无标注数据中学习通用知识

    C. 仅优化模型的计算速度

    D. 仅用于生成短视频

8. （　　　）是百度开发的 AI 直播脚本生成工具。

    A. Kimi　　　　　　　　　　　B. 文心一言

    C. ChatGPT　　　　　　　　　D. Canva

9. 视频类 AIGC 的核心技术架构不包括（　　　）。

    A. 生成对抗网络（GAN）　　　　B. 扩散模型（Diffusion Model）

    C. 传统线性回归模型　　　　　　D. Transformer 架构

10. （　　　）是中国具有代表性的视频生成大模型。

    A. Sora　　　　　　　　　　　B. 可灵 AI

    C. GPT–4　　　　　　　　　　D. Midjourney

11. 在可灵 AI 中，"文本生成视频"功能的底层技术是（　　　）

    A. 3D 时空联合注意力机制与 Diffusion Transformer

    B. 传统图像处理算法

    C. 随机森林模型

    D. 仅依赖语音合成技术

12. 优化 AI 生成短视频时，应避免的操作是（　　　）。

    A. 根据平台特点调整画幅比例

    B. 直接使用未审核的生成内容

    C. 添加用户互动元素

    D. 使用高清设备拍摄

操作题

1. 利用生成式大模型工具，围绕文化旅游产品"青州古城"，设计一份包含封面、目的地介绍、行程亮点、客户评价及呼吁行动的推广幻灯片，展示"青州古城"的历史背景、文化特色及独特的旅行体验。确保内容不仅传达了产品的核心价值，也能吸引观众的兴趣。在完成初步生成后，根据实际需要调整布局、配色方案，并优化文字描述，使整个演示幻灯片既专业又充满吸引力。

最终提交幻灯片文件及其设计理念说明文档。

2. 使用 AIGC 工具，以"华山日出"为主题创作一条短视频，展示华山旅游的精髓。视频应包含开场的视觉冲击、详细的行程介绍，以及结尾处的邀请。同时，运用多模态生成技术添加适合场景的音乐和特效，增强视频的情感共鸣。

完成后，提交成品视频及简短的创作说明，并概述如何通过生成式模型增强视频的表现力和吸引力。

工业机器人与具身机器人

项目导入

作为人工智能的"物理化身"，智能机器人正在突破虚拟与现实的边界，将算法智慧转化为可感知的实体行动。智能机器人背后是感知—决策—执行的完整闭环。四足机器狗的灵动步态展现了仿生控制的精妙，无人机重新定义了人类探索世界的维度，仿生机械鱼的流畅游弋诠释了流体力学的巧思，人形机器人的精准动作解构了运动仿生的密码，智能巡检车的全天候巡航重构了工业监测的范式……这些智能体正在模糊虚拟与现实的界线，以机械之姿演绎着人工智能与物理世界的美妙共鸣。

本项目通过剖析智能机器人的系统架构、解码运动控制逻辑，带领大家触摸人工智能的物理实体形态，理解智能体与物理世界交互的底层逻辑。

项目案例

» 案　例

从实验室到抗疫前线：智能机器人的进化之路

1956年夏天，当达特茅斯会议首次提出"人工智能"的概念时，科学家们或许未曾想到，这一构想会在几十年后以如此生动的方式走进现实。2000年，ASIMO人形机器人蹒跚学步的画面曾引发全球轰动，而今天，智能机器人已经突破实验室的局限，在真实世界中承担起关键使命。2022年疫情期间，"白犀牛"智能配送机器人在上海浦东新区上演了令人惊叹的实战表现——这些搭载多线激光雷达和深度视觉系统的"钢铁战士"，不仅能在布满临时路障和防疫帐篷的复杂环境中自主穿行，更通过云端调度系统创造了日均5000单的配送纪录。更具启示意义的是，这些由人工智能加持的机器人如同拥有"学习本能"的生命体，通过强化学习算法不断进化，仅用七天就将配送时效提升了37%，完美诠释了AI先驱们梦想中"会学习的机器"。

从ASIMO的表演性行走到抗疫机器人的自主决策，从波士顿动力机器狗的敏捷越障到手术机器人的微米级操作，智能机器人正以惊人的速度完成着从"实验室展品"到"社会守护者"的身份蜕变。

» 案例思考

当智能机器人走出受控环境，在开放世界中与人类并肩解决实际问题时，它们展现出的不仅是技术的进步，更是人机协作的新范式。这种进化将如何重塑我们对人工智能的认知？又将对未来的社会生活产生哪些影响？

任务1　解构物流分拣机器人

任务导入

在深圳某三甲医院的走廊里，一台造型圆润的配送机器人正沿着预定路线平稳行驶。它能自主避开突然出现的行人，在电梯前礼貌等待，最终将药品准确送达指定病房。这款由本土企业研发的机器人，集成了视觉识别、自主导航、语音交互等多项 AI 技术，日均配送量可达人工的 3 倍。

理解机器人如何"思考"和"行动"，正是打开人工智能世界的一把钥匙。

课堂讨论

观察你身边的智能设备（如扫地机器人、智能音箱），它们具备了哪些类人的能力？又有哪些明显的局限性？

设想十年后的餐厅场景，如果引入服务机器人，你认为它最先替代的是哪个岗位？为什么？

任务目标

» **知识目标**

了解主流智能机器人的分类标准与应用场景；

掌握智能机器人的发展脉络与技术演进规律；

重点掌握机器人感知、决策、执行三大系统的技术原理。

» **能力目标**

提升评估机器人应用场景适配性的实践技能；

具备基于技术参数选择合适机器人解决方案的职业能力。

» **素养目标**

建立对人工智能技术的辩证认知，增强科技自信与创新意识；

培养在人机协作场景中的安全意识与伦理责任。

» **任务重难点**

重点：掌握智能机器人三大系统（感知／决策／执行）的技术原理与协同机制；

难点：理解多模态传感器融合、自主决策算法等抽象技术概念在实际场景中的应用逻辑。

任务知识

1. 智能机器人的产生与发展

智能机器人的发展历程，是一部人类将想象力转化为现实的技术史诗。早在古希腊时期，亚里士多德就构想过自动化工具，但真正的智能机器人直到 20 世纪才逐渐从科幻走向现实。这段跨越千年的发展历程，交织着理论突破与工程实践的双重变奏。

20 世纪 50 年代，工业机器人的出现拉开了智能机器人的帷幕。1954 年，美国人乔治·德沃尔（George Devol）设计了具有划时代意义的机械臂雏形，这就是后来的世界上第一台可编程机械臂 Unimate，如图 5-1 所示。这台由液压驱动、重量超过 1 吨的庞然大物，被安装在通用汽车公司的装配线上，专门负责搬运高温金属铸件。虽然它只能按照预设程序重复简单动作，但已经展现出替代人工完成危险作业的潜力。这一时期，机器人还停留在"盲、聋、哑"的状态，完全依赖精确的编程和环境控制。

图 5-1　Unimate 机器人

随着传感器技术的发展，机器人开始获得"感知能力"。20 世纪 70 年代，斯坦福研究所（SRI）研发的 Shakey 机器人首次装备了摄像头和碰撞传感器，能够识别简单物体并自主规划路径，如图 5-2 所示。日本早稻田大学在 1984 年推出的 WABOT-2 可以用电子风琴演奏音乐，展示了初步的人机交互能力。这些突破让机器人开始从封闭的工厂走向更复杂的环境。

图 5-2　Shakey 机器人

进入 21 世纪，人工智能为机器人注入了"大脑"，由人工智能程序控制的机器人具有了自主规划和决策能力，机器人与人工智能相结合，开启了从"机械执行"到"智能决策"的颠覆性跨越，让机器人得以在工业、医疗、深空探测等多元场景中自主解决复杂问题。

机器人、人工智能和智能机器人的关系如图 5-3 所示。

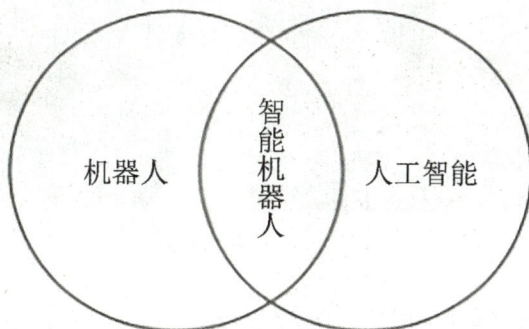

图 5-3　机器人、人工智能和智能机器人的关系

2010 年之后，深度学习的突破使机器人具备了图像识别、语音交互等认知能力。波士顿动力公司的 Atlas 人形机器人可以完成后空翻等高难度动作，展现出卓越的平衡能力与运动协调性；小米的 CyberDog 以平民价格提供智能跟随功能，成为不少科技爱好者的新奇伙伴，如图 5-4 所示；宇树科技的 G1 机器人，在 2025 年全球首个人形机器人格斗赛中表现出色，展示了其在高压、快节奏极端环境中的抗冲击性、多模态感知和全身协调能力，如图 5-5 所示；中国科学家在 2023 年开发的"悟空"机器人，作为全国首台混合现实技术遥控操作带电作业机器人，成功实现了从理念到现实的飞跃，为电力作业领域带来了颠覆性变革，如图 5-6 所示。

图 5-4　CyberDog

图 5-5　宇树 G1

图 5-6　"悟空"机器人

当前，智能机器人发展正呈现三大趋势：

（1）智能化程度持续提升，大模型技术让机器人能理解复杂指令；

（2）成本快速下降，服务型机器人开始进入普通家庭；

（3）应用场景不断拓展，从工业制造到医疗教育，从太空探索到深海作业。

据国际机器人联合会统计，2024年全球智能机器人市场规模已突破500亿美元，中国成为增长最快的市场之一。

在这个从"机械执行"到"智能决策"的演进过程中，每一代机器人都在突破新的技术边界。理解这段发展史，不仅能帮助我们把握技术脉络，更能启发思考：未来的机器人将如何重塑人类的生产生活方式？这正是接下来我们要共同探索的方向。

2. 智能机器人的结构与类型

一个机器人系统，一般由4个互相作用的部分组成：执行机构（机械手）、环境、任务和控制器，如图5-7所示。

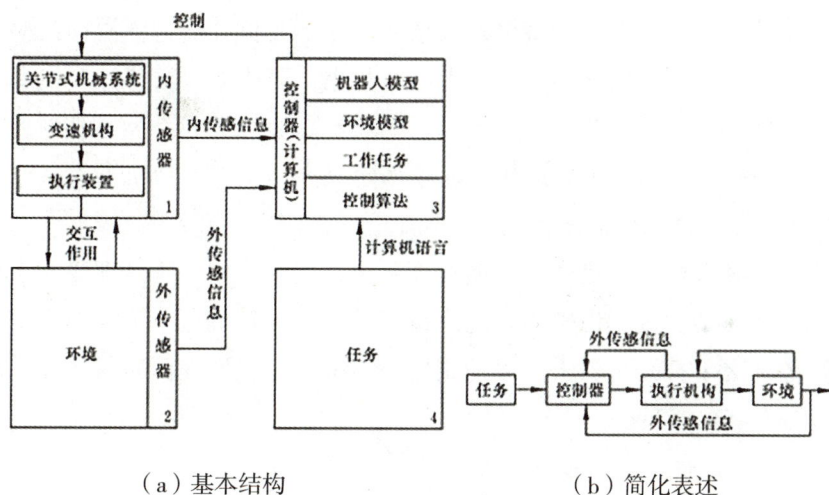

（a）基本结构　　　　　　　　（b）简化表述

图5-7　机器人系统的基本结构

机械手是具有传动、执行装置的机械，它由臂、关节和末端执行装置（工具等）等构成，组合为一个互相连接和互相依赖的运动机构。大多数机械手是具有若干自由度的关节式机械结构，如有6个自由度。

环境即机器人所处的周围环境。环境不仅由几何条件（可达空间）决定，而且由环境和它所包含的每个事物的全部自然特性决定。在环境中，机器人会遇到一些障碍物和其他物体，它必须避免与这些障碍物发生碰撞，并对这些物体发生作用。

任务被定义为环境的两种状态（初始状态和目标状态）间的差别。必须用适当的程序设计语言来描述这些任务，并把它们存入机器人系统的控制计算机。这种描述必须能为计算机所理解。

计算机是机器人的控制器（或脑子）。机器人接收来自传感器的信号，对之进行数据处理，并按照预存信息、机器人的状态及其环境情况等，产生控制信号驱动机械手的各个关节。对于技术比较简单的机器人，计算机只含有固定程序；对于技术比较先进的机器人，可采用程序完全可编的小型计算机、微型计算机或微处理机作为其计算机。

按照智能水平来划分，智能机器人呈现出明显的"进化阶梯"。最基础的是程序控制型机器人，它们就像严格遵守剧本的演员，只能重复预设动作，工业流水线上的焊接机器人就是其典型代表；环境适应型机器人进化为"条件反射型选手"，通过传感器感知环境变化并做出调整，扫地机器人遇到障碍物自动转向就属于这种；更高级的是自主决策型机器人，它们配备了人工智能"大脑"，能够学习和创新，比如能够根据病人情况调整康复训练方案的医疗机器人，或者在未知环境中自主探索的科考机器人。

值得关注的是，中国在服务型机器人领域已经走在世界前列。深圳某科技公司开发的养老陪护机器人，不仅能够监测老人健康数据，还能通过情感计算技术识别情绪变化，提供心理慰藉。在杭州亚运会上，巡逻机器人通过 5G 网络实现实时监控，展示了智能安防的新模式。这些创新应用正在重新定义人机关系，让机器人从简单的工具进化为人类的工作伙伴和生活助手。

随着技术的融合创新，机器人类型的界限正在变得模糊。一台现代农业机器人可能同时具备轮式移动、视觉识别和智能决策多种特征。理解这些不同类型的特性和应用场景，就像掌握了打开机器人世界的钥匙，能够帮助我们在面对具体需求时，选择最合适的机器人解决方案。

3. 智能机器人的核心技术

1）感知技术

感知技术是智能机器人的基础，它使机器人能够感知和理解周围环境。感知技术让机器人能够收集各种物理量和物体信息，如温度、湿度、光线、压力、大小、形状和颜色等。计算机视觉技术属于视觉感知技术的一种，用于处理和分析图像与视频，实现目标检测、图像识别和场景理解等功能；声音感知与识别技术使机器人能够通过语音识别将声音转化为文字或命令，从而更好地理解和响应用户需求。

2）决策技术

决策技术赋予智能机器人自主行动和决策的能力，包括运动控制技术、路径规划技术和任务调度与资源管理技术等。运动控制技术确保机器人能够根据环境和任务要求精确控制自身的运动，包括速度控制和姿态调整等；路径规划技术使机器人能够在复杂环境中自主规划最优行动路径，避开障碍物并到达目标位置；任务调度与资源管理技术帮助机器人在面临多个任务时合理调度任务和分配资源，提高工作效率和资源利用率。

3）学习技术

学习技术使智能机器人能够不断学习和改进自身性能。机器学习算法通过大量数据训练机器人自动学习和优化性能，包括监督学习、无监督学习和强化学习等。深度学习技术作为一种基于神经网络的方法，能够对复杂数据进行自动特征提取和模式识别，在图像识别和语音识别等领域表现出色。迁移学习与知识迁移技术让机器人能够将已有的知识和经验应用到新任务中，快速适应不同的环境和任务要求。

4）交互技术

交互技术使智能机器人能够与人类或其他机器人进行自然流畅的交互。人机交互技术包括语音识别、自然语言处理和情感识别等，让机器人能够理解用户意图并准确响应；多模态交互技术融合了语音、手势、表情和眼神等多种交互方式，提供更丰富自然的交互体验；协作与社交技术使机器人具备一定的社交能力和情感表达能力，能够与人类或其他机器人协作完成任务，更好地融入人类社会。

5）集成与优化技术

集成与优化技术确保智能机器人的各个系统和部件能够协同工作并达到最佳性能。多传感器信息融合技术将来自多个传感器的数据综合处理，以获得更全面准确的环境信息，提高机器人的感知和决策能力；硬件与软件集成技术确保机器人的硬件部件和软件系统协同工作，实现稳定高效的整体性能；系统优化与自适应技术可以根据机器人的运行状态和环境变化自动调整系统参数和算法，优化性能，提高适应性和可靠性。

任务实践

解构物流分拣机器人

》 任务内容

通过深入了解物流分拣机器人的工作原理、结构组成及其在人工智能技术下的控制机制，对物流分拣机器人进行解构，分析其各个组成部分的功能，并设计一个简单的物流分拣机器人模型，模拟其工作流程。

物流分拣机器人

» **实践步骤**

（1）查阅相关文献和技术资料，了解物流分拣机器人的基本构造及工作流程。确定所选物流分拣机器人的具体类型，并收集其技术参数和应用场景信息。

（2）逐步解析物流分拣机器人，分析关键部件的位置、功能及连接方式，分析关键部件的作用及其相互关系，理解整个系统的工作逻辑。

（3）提出至少一种利用人工智能技术改进物流分拣机器人性能的方法，编写一份详细的报告，包括解构过程、发现的问题及优化方案。

任务实践小册

解构物流分拣机器人
任务情境活页工单

姓　名		班　级		学　号	
实训教室		学　时		日　期	
任务书					

任务名称	解构物流分拣机器人				
任务描述	深入了解物流分拣机器人的工作原理、结构组成及其在人工智能技术下的控制机制，分析其各个组成部分的功能，并探讨人工智能算法优化				
任务要求	**任务质量要求：** 所有数据和信息必须基于可靠来源，分析结果需真实反映实际情况。 报告应涵盖任务的所有环节，从前期调研到最终优化建议，确保内容全面无遗漏。 提出的优化方案需具有一定的新颖性和可行性，能够体现对人工智能技术的理解与应用能力。 **职业素养要求：** 主动收集权威技术资料，独立完成案例分析。 小组协作中合理分工，尊重其他成员意见，共同完善方案。 严格把控时间节点，按时提交阶段性成果。 能合理安排时间，制定详细的任务计划，有良好的时间管理习惯				
任务步骤	工作步骤	要求	时间/min	备注	
	阅读任务书	了解任务内容	5		
		了解任务要求	5		
	任务实践	完成知识巩固	10		
		完成技能训练	20		

实操评估表

基本信息	姓 名		学 号		班 级		组 别	
	规定时间		完成时间		考核日期		总评成绩	
考核内容	序号	内容		评分标准		标准分	评分	
	1	技术理解程度		准确掌握物流分拣机器人的结构与原理		20		
	2	分析物流分拣机器人关键部件		对关键部件的分析逻辑清晰、数据准确		25		
	3	物流分拣机器人模型		在模型设计中展现创新思维，不拘泥于现有技术		25		
	4	报告撰写水平		报告格式规范、语言表达清晰、逻辑条理性强		20		
	5	团结协作		1.分工明确，工作任务目标明确，工作量明确，执行进度安排合理，获得5分。 2.分工较为明确，工作任务目标较为明确，工作量较为明确，执行进度安排较为合理，获得1~4分。 3.分工不明确，工作任务目标不明确，工作量不明确，执行进度安排不合理，不得分		5		
	6	沟通表达		1.愿意沟通，善于沟通，获得3分。 2.愿意沟通，但不善于沟通，获得1~2分。 3.不愿意沟通，不得分		3		
	7	工单填写		1.完整完成工单，获得2分。 2.未完整完成工单，不得分		2		
教师评语								

任务2　探秘仿生机器人

任务导入

在科技飞速发展的当下，智能机器人正凭借其独特优势，不断开拓新的应用领域。泰山景区作为闻名遐迩的旅游胜地，2024年接待游客量高达941万人次，随之产生的垃圾量达2.4万吨。景区山路崎岖，地形复杂，多为登山盘道，传统的机械化作业难以施展，长期以来，垃圾清扫与运输只能依靠人工挑运，难度大且成本高昂。

2024年10月，泰山文旅联合杭州宇树科技公司在泰山景区进行了机器狗垃圾清运测试，如图5-8所示。工作人员用约45千克垃圾进行负重测试，在测试过程中，这些机器狗能在湿滑或极端地形稳定前行，可轻松跨越乱木堆、40厘米高台等障碍物，在崎岖山路和台阶上也能较好地保持平衡，在泰山十八盘等险峻路段都有不错表现。经过测试，这些机器狗可以适应泰山景区80%以上的路况，负重运输垃圾测试比较成功。

图5-8　泰山捡垃圾机器狗

课堂讨论

四足机器狗的攀爬行为涉及哪些核心人工智能技术？此类技术除了山地勘探，还可拓展至哪些极端环境作业场景？

任务目标

» 知识目标

理解仿生机器人三大核心系统的技术原理；

掌握仿生运动控制算法与多模态传感器融合的基本概念；

了解仿生机器人的典型应用场景及技术需求。

» 能力目标

能够分析仿生机器人在不同地形下的运动控制策略；

初步具备评估仿生机器人传感器配置方案合理性的能力。

» 素养目标

培养对仿生机器人技术的探索兴趣与创新意识；

建立技术应用的安全伦理观念；

增强对我国智能装备技术发展的认知与自信。

» 任务重难点

重点：掌握仿生机器人运动控制与环境感知的核心技术原理；

难点：理解动态平衡算法与多传感器融合在复杂地形中的应用机制。

任务知识

1. 仿生机器人

仿生机器人是以自然界生物为灵感，通过模仿其形态、结构或行为模式而设计的智能化设备。它结合了生物学原理与工程技术实践，可以实现特定功能目标，如提高运动效率或增强环境适应能力。

作为多学科交叉的产物，仿生机器人涉及机械、电子、计算机及材料科学等领域，不仅能复制生物外部形态，还能再现其内部机理，同时集成传感器和控制算法，具备感知与自主决策能力。其本质在于"仿"与"创"的结合，"仿"指从自然界获取灵感，"创"则是用科技手段将灵感转化为实际产品，从而拓展技术边界并解决现实难题。

仿生机器人具有出色的环境适应性和功能多样性，可应用于医疗健康、灾害救援、军事国防及娱乐服务等多个领域。

各种仿生机器人如图 5-9 所示。

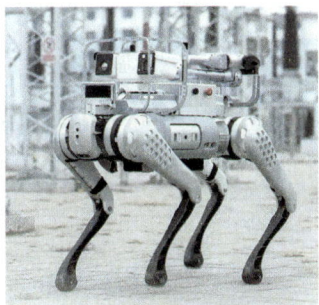
（a）机器狗

（b）西工大仿生魔鬼鱼

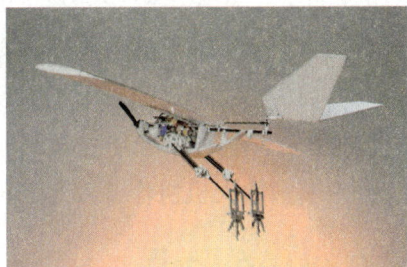
（c）机器鸟

（d）机器昆虫

图 5-9　各种仿生机器人

2. 运动模式与控制

仿生机器人的运动模式主要源于对自然界生物运动特性的模仿与优化，其设计通常基于生物力学原理。例如，四足仿生机器人模仿动物的步态，通过协调腿部关节的运动实现稳定行走；水下仿生机器人借鉴鱼类的摆尾动作或鲸类的鳍状肢划动，以产生推进力；飞行仿生机器人受昆虫与鸟类启发，通过微型压电陶瓷驱动翅膀，完成悬停、转向等高难度动作；双足仿生机器人则以人类行走方式为蓝本，通过复杂的平衡控制算法模拟人类骨盆旋转与重心转移，还能利用惯性力实现空中姿态调整。

仿生机器人的控制方式融合了传统工程技术和先进的人工智能算法，强调自主性和智能化。其控制系统通常包括感知、决策和执行三个环节：

（1）利用传感器获取环境信息，如视觉摄像头、惯性测量单元（IMU, Inertial Measurement Unit）等；

（2）通过嵌入式处理器或云计算平台进行数据处理与行为决策，可能涉及路径规划、避障策略或动态平衡控制；

（3）由执行器将指令转化为实际动作，如电机驱动关节运动或舵机调整方向。

3. 仿生传感器与交互

仿生传感器是仿生机器人感知外界环境的关键组件，其设计灵感来源于生物体内的感觉器官，旨在模拟生物对环境刺激的检测和响应能力。例如，仿生视觉传感器模仿人类或昆虫的眼睛结构，通过多镜头或复眼技术实现广角视野和高分辨率成像；仿生触觉传感器借鉴皮肤中的机械感受器，能够感知压力、温度和纹理等信息。这些仿生传感器为机器人提供了丰富的感知手段，使其能在复杂环境中准确获取数据，从而做出合理决策。

在仿生机器人领域，交互设计同样融入了大量仿生学思想。通过模仿生物的自然行为模式，仿生机器人可以实现更直观、更高效的交互方式。例如，基于语音识别技术的仿生听觉系统允许用户通过自然语言与机器人交流，而表情生成算法则使机器人的面部表情更加拟人化，增强情感传递效果；一些仿生机器人还采用了力反馈装置，模拟触碰时的真实手感，进一步拉近人机之间的距离。这种结合仿生学与交互技术的设计思路，不仅提升了机器人的智能化水平，也为未来的人机协作开辟了新的可能性。

任务实践

机器狗前沿技术解析

» **任务内容**

观察、分析和比较不同样式的机器狗，了解其基本构造、运动模式及应用场景。

» **实践步骤**

（1）从网络、书籍或视频中收集至少三种不同类型机器狗的信息，记录其外观特点、主要功能和技术参数。

机器狗应用场景

（2）根据收集到的信息，对比这些机器狗在结构设计、运动能力及实际应用方面的异同点，总结出各自的优缺点。

重点关注以下方面：

①名称与制造商。

②主要技术规格（尺寸、重量、电池续航等）。

③特殊功能（如爬楼梯、跳跃、携带物品等）。

④应用场景（救援、娱乐、科研等）。

（3）小组成员共同讨论并确定一种理想的机器狗设计方案，简要说明设计理念及其潜在用途。最后以幻灯片形式向全班同学汇报研究成果。

任务实践小册

机器狗前沿技术解析
任务情境活页工单

姓　名		班　级		学　号	
实训教室		学　时		日　期	

任务书					
任务名称	机器狗前沿技术解析				
任务描述	收集整理至少三种不同类型机器狗的资料，记录其外观特点、主要功能和技术参数。对比这些机器狗在结构设计、运动能力及实际应用方面的异同点，总结出各自的优缺点。并确定一种理想的机器狗设计方案				
任务要求	**任务质量要求：** 　收集至少三种不同类型的机器狗外观特点、主要功能和技术参数。 　准确分析对比这些机器狗在结构设计、运动能力及实际应用方面的异同点； 　设计一种理想的机器狗设计方案，要有创新性。 **职业素养要求：** 　主动收集权威技术资料，独立完成案例分析。 　在小组协作中合理分工，尊重其他成员意见，共同完善方案。 　严格把控时间节点，按时提交阶段性成果。 　能合理安排时间，制定详细的任务计划，有良好的时间管理习惯				

任务步骤	工作步骤	要求	时间 /min	备注
	阅读任务书	了解任务内容	5	
		了解任务要求	5	
	任务实践	完成知识巩固	10	
		完成技能训练	20	

实操评估表

基本信息	姓　名		学　号		班　级		组　别	
	规定时间		完成时间		考核日期		总评成绩	
考核内容	序号	内容		评分标准		标准分	评分	
	1	资料完整性		提供至少三种机器狗的详细信息，涵盖名称、制造商、技术规格、功能及应用场景		20		
	2	对比分析准确性		准确指出不同机器狗之间的差异，并合理评价其优势与局限性		25		
	3	设计方案合理性		提出的机器狗设计方案具有创新性和实用性，符合逻辑，且易于理解		25		
	4	展示效果		幻灯片制作精美，演讲条理清晰，能够有效传达核心观点并与观众互动		20		
	5	团结协作		1.分工明确，工作任务目标明确，工作量明确，执行进度安排合理，获得5分。2.分工较为明确，工作任务目标较为明确，工作量较为明确，执行进度安排较为合理，获得1~4分。3.分工不明确，工作任务目标不明确，工作量不明确，执行进度安排不合理，不得分		5		
	6	沟通表达		1.愿意沟通，善于沟通，获得3分。2.愿意沟通，但不善于沟通，获得1~2分。3.不愿意沟通，不得分		3		
	7	工单填写		1.完整完成工单，获得2分。2.未完整完成工单，不得分		2		
教师评语								

任务3　无人运载设备

任务导入

2024年，厦门消防在新能源企业灭火救援演练中首次大规模采用无人化立体侦察技术。针对新能源企业火灾危险性高、火势蔓延迅速等特点，救援力量在演练现场，操控无人机携带高空红外热成像设备，迅速升空对"火场"进行全方位侦察，实时传输火场图像和温度数据，为指挥员提供精准的火灾定位和火势分析。具备防爆、耐高温和灭火能力的消防机器人携带灭火器材和侦察设备，进入火场内侦察。在机器人的协助下，消防救援人员安全高效地投入灭火救援中。这场"灭火救援"生动展现了智能无人装备如何突破人类生理极限，在危险环境中大显身手。

课堂讨论

在投入自然灾害的救援装备中，无人技术带来了哪些革命性改变？在校园快递配送场景中，分析无人机、无人车各自的优劣势及适用条件。

任务目标

» 知识目标

掌握无人运载设备的基本工作原理和核心技术；

理解自主导航、环境感知和智能决策等关键技术在无人运载设备中的应用；

了解无人运载设备在救援、物流、巡检等领域的典型应用场景。

» 能力目标

能够分析、比较不同类型无人运载设备的技术特点和应用优势；

具备初步评估无人运载设备系统可靠性和安全性的能力。

» 素养目标

培养对无人运载设备技术发展的科学认知和理性态度；

建立技术创新与安全伦理并重的责任意识；

增强对我国智能装备技术发展的关注和信心。

重点：掌握无人运载设备的核心技术原理和应用特点；

难点：理解复杂环境下多传感器融合与自主决策的技术实现机制。

任务知识 🔗

1. 翱翔天际的智能无人机

无人驾驶飞行器（UAV，Unmanned Aerial Vehicle）一般被称为无人机，如图 5-10 所示。无人机是一种一次性或可重复使用的飞行器，其机上无人驾驶，由自动程序控制飞行和无线电遥控引导飞行，具有执行一定任务的能力。与其他类型的机器人类似，无人机也可以通过人机协作或一定的自主方式完成任务，因此，无人机也是一种可以通过遥控或自主飞行完成一定任务的飞行机器人。

图 5-10 无人机

1）主要结构与基本工作原理

无人机的工作原理主要围绕飞行控制、动力供给和通信链路三大方面展开，其主要结构如图 5-11 所示。

飞行控制系统是无人机的核心，它通过整合来自多种传感器的数据，实现对无人机姿态、位置和速度的精确控制。传感器（如 GPS 接收器、加速度计、陀螺仪等）为无人机提供了关于自身状态的信息，使其能够维持稳定的飞行姿态并按照预设路径飞行。动力系统包括电动马达或内燃机及其配套的电池或燃料存储装置，提供无人机所需的能量以支持其起飞、悬停和移动。通信链路确保地面站与无人机之间能够进行实时数据交换，包括飞行指令、视频流和遥测数据，这使得操作人员能够在必要时对无人机的操作进行干预或调整。

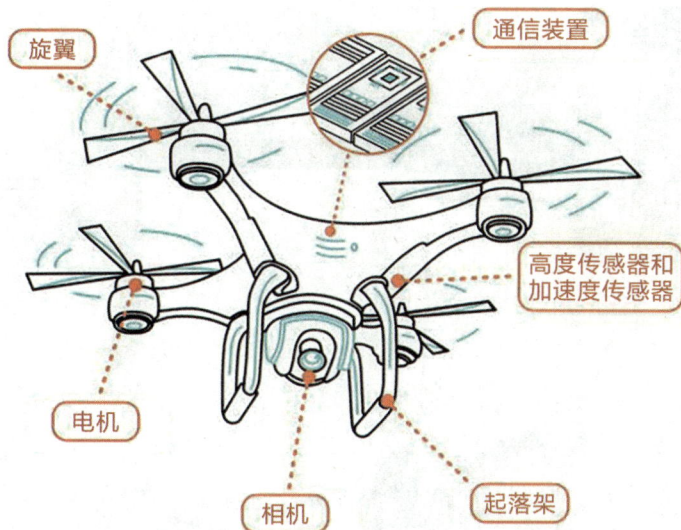

图 5-11　无人机的主要结构

2）核心技术

无人机依赖于一系列先进技术来实现高效运行，其中最为关键的是导航技术、姿态控制与稳定技术和环境感知与计算机视觉。

（1）导航技术不仅限于传统的卫星定位系统，还包括惯性导航系统（INS，Inertial Navigation System）和其他辅助定位方法，以提高定位精度和可靠性。自主导航算法使无人机能够在没有人为干预的情况下，根据预先设定的任务要求自主规划飞行路线。

（2）姿态控制与稳定技术通过复杂的算法处理传感器输入，动态调整电机输出，确保无人机在各种环境条件下都能保持稳定飞行。通过机器学习和人工智能算法，无人机还可以根据当前任务需求和环境变化做出最佳决策。

（3）环境感知与计算机视觉利用激光雷达、摄像头等收集周围环境信息，帮助无人机构建准确的三维地图，允许无人机识别、跟踪目标，并执行基于视觉的任务，例如自动避障、精准着陆，以及特定场景下的监测和分析。

这些技术共同作用，显著提升了无人机的作业效率和适应能力，拓展了其在救援、农业、测绘等多个领域的应用潜力。

2. 驰骋地面的智能无人车

在城市的街道上、工厂的车间里、校园的道路中，一种不需要人类驾驶员的新型交通工具正在悄然改变着人们的出行方式，这就是智能无人车，如图 5-12 所示。

图 5-12　智能无人车

1）主要结构与基本工作原理

无人车的工作原理包括车辆结构设计、驱动与转向控制及环境感知与导航，其主要结构如图 5-13 所示。

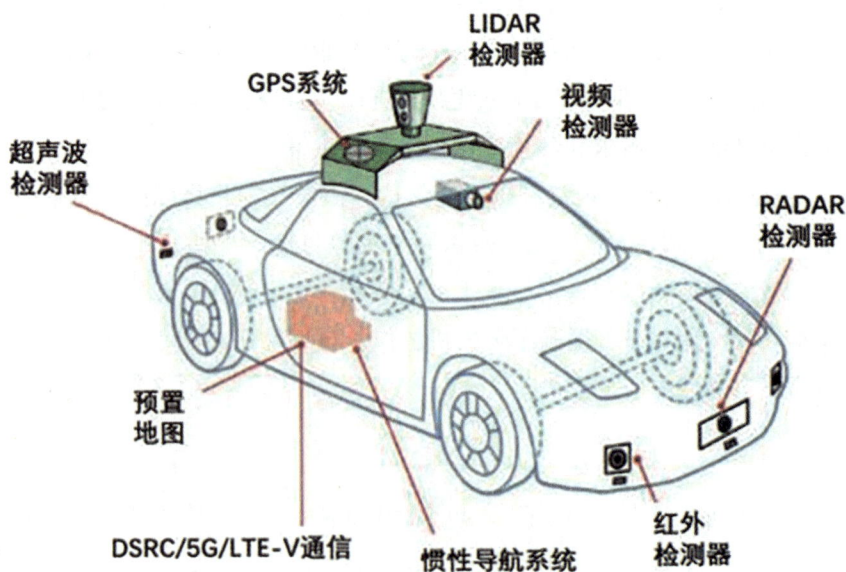

图 5-13　智能无人车的主要结构

（1）无人车的车辆结构设计需考虑载重能力、稳定性和安全性，以适应各种路况和任务需求。其驱动系统通常采用电动或混合动力方式，不仅环保而且效率高，同时配备先进的电池管理系统确保续航能力。

（2）驱动与转向控制系统依赖于精确的电子控制单元（ECU），通过接收来自传感器的数据调整方向盘角度，实现平稳转弯。

（3）无人车配备了多种传感器，如激光雷达、摄像头和超声波传感器，用于实时监测周围环境。这些传感器将收集到的数据发送给中央处理单元，后者利用算法分析数据并作出决策。此外，无人车还采用了高精度地图和卫星定位技术，结合惯性导航系统，即使在卫星信号不佳的情况下也能保持精准定位和导航。

2）核心技术

无人车的发展离不开自动驾驶技术、人工智能算法以及车联网技术的支持。

自动驾驶技术是无人车的核心，它整合了传感器融合技术，能够从多个传感器获取信息，并将其融合成一个完整的环境模型，同时利用激光雷达和摄像头等传感器实时监控前方道路情况，一旦发现障碍物，无人车会立即启动避障算法，选择最佳绕行路径，确保行车安全。无人车还能根据当前交通状况和目的地，计算出最优行驶路线，并根据实时交通流量数据调整行驶路线，避开拥堵路段，提高出行效率。

人工智能算法，特别是机器学习和深度学习，在提高无人车自主决策能力方面发挥了关键作用。通过训练大量的驾驶场景数据，无人车可以学习如何识别交通灯、人行横道等标志，以及行人和其他车辆，严格遵守交通规则，并做出正确的响应。

车联网技术允许无人车与其他车辆、基础设施进行通信，共享交通信息，从而进一步提升行车安全性和效率。这种 V2X（Vehicle-to-Everything，车联万物）通信技术对于实现智能交通管理和协同驾驶至关重要。

3. 遨游水面的智能无人船

无人船是无人水面航行器（USV，Unmanned Surface Vehicle）的简称。广义的无人船是指种可执行某类指定任务，并基于任务目的进行功能、性能设计的水面机器人；狭义的无人船则是指具有一定机动能力的水面自主、半自主、遥控搭载体，如图5-14所示。

无人船由平台系统和任务载荷系统组成，两个系统之间通过通用接口进行集成。不同于传统船舶需要船员24小时值守，无人船能够自主判断航向、规避风险、完成任务，就像给钢铁船体注入了会思考的灵魂。

图 5-14　无人船

1）基本工作原理

无人船的基本工作原理围绕船舶设计、推进系统及导航控制展开，其主要结构如图 5-15 所示。

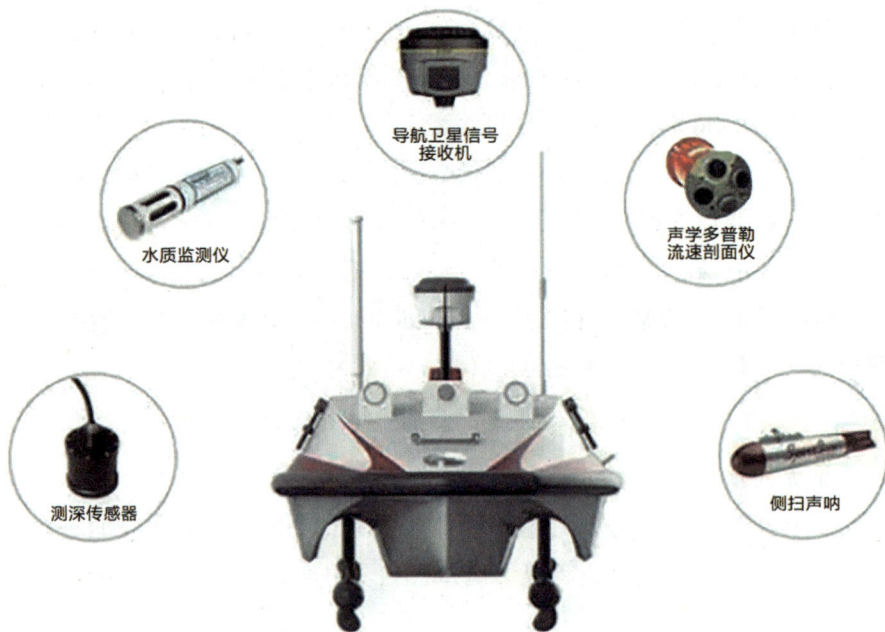

导航卫星信号
接收机

水质监测仪

声学多普勒
流速剖面仪

测深传感器

侧扫声呐

图 5-15　无人船的主要结构

（1）无人船的设计需考虑浮力与稳定性，确保在不同海况下能够保持平稳航行。

（2）无人船的推进系统通常采用电机驱动螺旋桨，部分高端型号还配备喷水推进装置以增强操控灵活性和适应复杂水域的能力。无人船的能源供给主要依赖电池或可再生能源（如太阳能）。

（3）导航控制是无人船的核心功能之一，它依赖于高精度卫星导航系统、惯性导航系统等定位技术来确定自身位置，并结合电子海图进行路径规划。无人船配备有自动舵系统，能根据预设路线自动调整航向，同时通过卫星通信模块与地面站保持实时数据交换，上传运行状态信息并接收指令。

此外，无人船还装备了多种传感器，如雷达、声呐、摄像头等，用于环境感知，确保安全航行。

2）核心技术

无人船的核心技术包括海洋环境感知与自动避碰系统、海上水域自主航行技术、远程监控与控制系统，以及应急响应策略等。

（1）无人船利用多源传感器融合，如光学相机、红外成像仪、激光雷达、声呐等，获取海域环境的详细信息，构建三维模型，帮助无人船识别目标物、监测水质状况及评估生态环境变化，并运用算法预测潜在碰撞风险，采取措施避免障碍物。这对于保障无人船的安全至关重要，特别是在繁忙航道或多变天气条件下。

（2）无人船依靠传统的卫星定位和电子海图，结合惯性导航系统，借助先进的SLAM（同步定位与地图构建）技术和路径规划算法，能够在未知或动态变化的水域环境中自动规划路线，自主探索并完成任务。例如，在科学研究领域，无人船可以自动绘制海底地形图，支持海洋学研究；在物流运输中，它们能够沿着最经济的航线行驶，降低运营成本。

（3）远程监控与控制系统允许操作人员从远处对无人船进行实时监控和控制，这对于执行长期任务或在危险环境中作业尤为重要。该系统通常包括一个用户友好的界面，显示无人船的状态信息，并提供故障诊断和应急处理功能。

（4）应急响应策略方面，当遇到突发情况如恶劣天气或设备故障时，无人船应具备自我保护机制，比如自动返回安全区域等待救援或者执行紧急停机程序。

这些关键技术共同作用，使得无人船成为现代海洋活动不可或缺的一部分，无论是在军事侦察、科学考察，还是商业运输领域，都能看到它们的身影。

任务实践

智能驾驶技术剖析

» 任务内容

Autoware是一个开源的自动驾驶软件平台，支持从数据采集、传感器融合、路径规划到车辆控制的完整流程，适用于机器人、无人车、无人船等多种自动驾驶场景，广泛应用于自动驾驶研究与开发领域。

本任务通过学习 Autoware 开源软件平台的基础知识，理解智能驾驶技术中的关键概念，如感知、定位、决策和控制。通过模拟软件体验智能驾驶的基本操作，分析智能驾驶技术在现代交通系统中的应用及其对社会的影响。

智能驾驶
应用场景

» 实践步骤

（1）学习 Autoware 的基本概念、架构和功能。了解智能驾驶技术的发展历程，以及 Autoware 在其中的作用和贡献。

（2）研究智能驾驶技术中的关键技术，包括传感器融合、路径规划、车辆控制等。

（3）安装 Autoware 提供的模拟软件。通过模拟软件，练习智能驾驶的基本操作，如启动、停车、避障等。

（4）在模拟软件中设置不同的交通场景，进行智能驾驶的模拟训练。

（5）设计一个基于 Autoware 的智能驾驶创新应用方案。

（6）收集并分析智能驾驶技术在实际交通系统中的应用案例。讨论智能驾驶技术对社会、经济和环境的潜在影响。

（7）撰写报告，总结智能驾驶技术的应用情况以及对社会的影响。

任务实践小册

智能驾驶技术剖析
任务情境活页工单

姓　名		班　级		学　号	
实训教室		学　时		日　期	

任务书				
任务名称	智能驾驶技术剖析			
任务描述	通过实践掌握 Autoware 开源软件平台的基本操作与配置，熟悉其在智能驾驶领域的应用。设置开发环境，导入数据，运行基本功能模块，并尝试构建一个简单的自动驾驶模拟场景			
任务要求	**任务质量要求：** 准确理解 Autoware 的基本功能与操作流程。 能够在模拟环境中成功完成智能驾驶的路径规划与导航。 小组设计的智能驾驶应用方案具有创新性。 **职业素养要求：** 具备良好的团队合作精神，能够有效沟通并协调小组内的工作。 对人工智能及智能驾驶技术保持浓厚兴趣，有主动探索与学习的精神。 遵守课堂纪律，按时完成任务，对待工作认真负责			

任务步骤	工作步骤	要求	时间 /min	备注
	阅读任务书	了解任务内容	5	
		了解任务要求	5	
	任务实践	完成知识巩固	10	
		完成技能训练	20	

实操评估表

基本信息	姓　名		学　号		班　级		组　别	
	规定时间		完成时间		考核日期		总评成绩	
考核内容	序号	内容		评分标准		标准分	评分	
	1	Autoware 的主要模块		掌握 Autoware 的基本概念与功能特点		20		
	2	环境搭建		正确在本地计算机上安装并调试 Autoware 系统		25		
	3	自动驾驶汽车的行为表现		能够按计划完成自动驾驶		25		
	4	方案撰写		内容全面、条理清晰；提出的方案及建议合理且具创新性		20		
	5	团结协作		1.分工明确，工作任务目标明确，工作量明确，执行进度安排合理，获得 5 分。 2.分工较为明确，工作任务目标较为明确，工作量较为明确，执行进度安排较为合理，获得 1~4 分。 3.分工不明确，工作任务目标不明确，工作量不明确，执行进度安排不合理，不得分		5		
	6	沟通表达		1.愿意沟通，善于沟通，获得 3 分。 2.愿意沟通，但不善于沟通，获得 1~2 分。 3.不愿意沟通，不得分		3		
	7	工单填写		1.完整完成工单，获得 2 分。 2.未完整完成工单，不得分		2		
教师评语								

任务4　人形机器人

任务导入

　　人形机器人凭借其类人的感知交互能力、肢体结构和运动方式，能够快速融入为人类设计的各种环境，未来有望在简单重复劳动和危险场景中替代人类，在复杂技能场景中辅助人类，在商业和家庭场景中服务人类。人形机器人已成为全球科技领域的发展热点，其广泛应用将深刻改变社会形态与人们的生产生活方式。业界普遍认为，人形机器人未来有望成为继个人电脑、智能手机、新能源汽车后的新终端，形成新的万亿级市场。

课堂讨论

　　（1）人形机器人是如何感知周围环境的？
　　（2）人形机器人具备哪些决策能力？它是如何做出决策的？

任务目标

» **知识目标**

理解人形机器人的基本概念、发展历程与应用前景；
了解人形机器人涉及的关键技术。

» **能力目标**

能够分析人形机器人的技术难点，并提出初步的解决方案；
具备设计和实现简单人形机器人控制系统或功能模块的能力。

» **素养目标**

培养创新思维和问题解决能力，提升对复杂技术系统的理解和应对挑战的能力；
增强团队协作意识和实践能力，通过项目合作提升综合素养。

» **任务重难点**

重点：人形机器人技术的综合应用；
难点：设计和实现人形机器人的具体功能模块。

1. 人形机器人的定义

人形机器人是一种模仿人类形态和行为的智能装置，通过模拟人体结构与功能实现与人类相似的动作和交互能力。人形机器人通常具备头部、躯干、四肢等部件，并集成多种传感器、执行器和复杂的控制系统，以完成诸如行走、抓取、语言交流等任务，如图 5-16 所示。人形机器人不仅在外观上接近人类，更重要的是其能够适应复杂多变的环境，执行多样化的操作，从而在家庭服务、医疗护理、教育娱乐及危险环境作业等领域具备广泛应用的潜力。

图 5-16　人形机器人

2. 运动控制原理

人形机器人的运动控制是实现其正常运行的关键技术之一，涉及复杂的动力学建模与实时调控。由于人形机器人需要模拟人类的步行、奔跑或其他复杂动作，其运动控制必须精确协调各个关节的扭矩输出和运动轨迹。

运动控制通常采用分层架构，包括高层规划、中层优化和底层执行三个部分。高层规划负责制定全局任务目标，例如设定行走路径或抓取物体；中层优化通过动态规划算法生成平滑的关节角度变化曲线；底层执行依靠伺服系统，确保实际运动与规划轨迹一致。此外，为了应对非结构化环境中的不确定性，运动控制系统还需具备较强的鲁棒性，能够快速调整以适应外部干扰。

3. 多模态感知融合

人形机器人通过整合多种传感器（如视觉、听觉、触觉、力觉等）获取的信息，形成对环境和自身状态的全面理解。这种融合技术能够克服单一传感器在信息获取上的局限性，例如摄像头可能受到光线条件的影响，而激光雷达则可能在复杂环境中出现数据噪声。通过将不同模态的数据进行校准、关联和整合，人形机器人可以构建更准确、更丰富的环境模型。多模态感知融合不仅提高了机器人的感知精度和鲁棒性，还增强了其对动态环境的适应能力，使其能够在复杂场景中执行更加多样化和高难度的任务。

4. 拟人化交互设计

人形机器人通过模仿人类的沟通方式和行为模式，提升机器人与用户之间互动的自然度和亲和力。拟人化交互设计不仅关注机器人的外在形态（如面部表情、肢体动作），还注重其内在的交互逻辑（如语言表达、情感反馈），其核心在于建立一种双向情感连接，使用户能够以接近与真人交流的方式与机器人互动。例如，通过动态的表情变化传递情绪状态，或利用自然语言处理技术实现流畅的对话交流。拟人化交互设计可以帮助机器人更好地融入人类社会，满足教育、陪伴、护理等多场景下的应用需求。

任务实践

老年护理机器人应用方案设计

》 任务内容

基于对智能机器人关键技术的分析理解，针对医院老年人照护场景，以小组为单位设计一款老年护理机器人的应用方案。

方案需明确机器人应具备的功能，阐述将运用到的核心技术，规划机器人的工作流程，将设计方案以图文并茂的演示文稿形式呈现，配以清晰的文字说明，确保方案的完整性与可理解性。

人形机器人
应用场景

》 实践步骤

（1）学习了解护理机器人的基本概念及其在日常生活中的应用场景。例如，护理机器人可以协助老人起床、提醒服药、监测健康状况等。

（2）确定目标用户群体（如独居老人、长期卧床患者等），并列出他们可能需要的帮助类型。

（3）分析市场上现有护理机器人的优缺点，思考如何改进或创新以满足特定需求。

（4）根据需求分析结果，提出具体的护理机器人应用方案。该方案应至少包括以下方面：

①功能描述：明确护理机器人要实现哪些功能。

②技术实现：说明采用何种技术手段来实现上述功能。

③安全保障措施：考虑如何保证使用者的安全，避免意外伤害发生。

（5）以绘制或简单模型制作的方式，呈现所设计的护理机器人外观及主要部件布局图。

任务实践小册

老年护理机器人应用方案设计
任务情境活页工单

姓　名		班　级		学　号	
实训教室		学　时		日　期	

任务书					
任务名称	老年护理机器人应用方案设计				
任务描述	了解老年护理机器人的功能需求和应用场景，设计一套针对老年人日常护理需求的机器人应用方案，培养职业素养和创新能力				
任务要求	**任务质量要求：**　方案需具有创新性、实用性和可操作性。　数据来源准确可靠，引用资料需注明出处。　文档格式规范，语言表达清晰流畅。　团队分工明确，每位成员均有具体负责的内容。　**职业素养要求：**　展现出良好的团队合作精神，能够有效沟通协调。　在设计过程中体现对老年人群体的人文关怀，尊重个体差异。　遵守职业道德规范，注重数据安全与隐私保护				

任务步骤	工作步骤	要求	时间 /min	备注
任务步骤	阅读任务书	了解任务内容	5	
		了解任务要求	5	
	任务实践	完成知识巩固	10	
		完成技能训练	20	

实操评估表

基本信息	姓 名		学 号		班 级		组 别	
	规定时间		完成时间		考核日期		总评成绩	
考核内容	序号	内容		评分标准		标准分	评分	
	1	创新性		方案新颖，能解决实际问题		20		
	2	实用性		设计方案贴近实际需求，功能切实可行		25		
	3	技术深度		对所使用技术的理解程度高，可以合理应用		25		
	4	安全与隐私保护		充分考虑数据安全与隐私保护的措施		20		
	5	团结协作		1.分工明确，工作任务目标明确，工作量明确，执行进度安排合理，获得5分。 2.分工较为明确，工作任务目标较为明确，工作量较为明确，执行进度安排较为合理，获得1~4分。 3.分工不明确，工作任务目标不明确，工作量不明确，执行进度安排不合理，不得分		5		
	6	沟通表达		1.愿意沟通，善于沟通，获得3分。 2.愿意沟通，但不善于沟通，获得1~2分。 3.不愿意沟通，不得分		3		
	7	工单填写		1.完整完成工单，获得2分。 2.未完整完成工单，不得分		2		
教师评语								

拓展延伸

人形机器人在航天领域的应用

在航天领域，人形机器人能够执行一系列关键任务，从而增强宇航员的能力并提高任务效率。这些机器人不仅能够在空间站内部作为宇航员的得力助手，还能够在太空中进行独立操作，甚至在极端环境下开展科学探测和研究。

在空间站内部，人形机器人能够承担环境监测、设备维护、实验开展等重复性或危险性工作，有效减轻宇航员的负担。在空间站外部，人形机器人能够进行太空行走，执行航天器表面修复，安装或维护外部设备；或者参与太空垃圾清理任务，帮助减少太空碎片对在轨卫星和航天器的潜在威胁。

相较于宇航员，人形机器人的制造和配置具有极高灵活性，可根据特定任务需求进行精确定制，从而在各种复杂环境中展现出卓越性能，显著降低了宇航员选拔和训练的复杂度及相关成本。此外，使用人形机器人还免除了维持宇航员生存所需的昂贵的生命维持系统，有效减少了因人类生理限制而导致的工作中断。这进一步提升了任务执行的连续和高效。

根据以上内容，分析人形机器人在航空航天领域相较于其他救援设备的不可替代性有哪些？结合前面学习知识，分析人形救援机器人研发需突破的关键技术瓶颈有哪些？

巩固提升

单选题

1. 世界上第一台可编程的工业机器人是（　　）。

A. ASIMO

B. Shakey

C. Unimate

D. CyberDog

2. 四足仿生机器狗在泰山景区主要突破的技术瓶颈是（　　　）。

    A. 语音交互技术　　　　　　　　B. 复杂地形自适应

    C. 人脸识别精度　　　　　　　　D. 云端数据存储

3. 智能机器人三大核心系统中不包括（　　　）。

    A. 感知系统　　　　B. 能源系统　　　　C. 决策系统　　　　D. 执行系统

4. 抗疫配送机器人"白犀牛"通过（　　　）实现了配送时效提升。

    A. 监督学习　　　　B. 强化学习　　　　C. 迁移学习　　　　D. 遗传算法

5. 无人船的关键导航技术不包括（　　　）。

    A. 卫星定位　　　　B. 语音识别　　　　C. 电子海图　　　　D. 惯性导航系统

6. 人形机器人运动控制分层架构中不包括（　　　）。

    A. 高层规划　　　　B. 中层优化　　　　C. 下层基础　　　　D. 底层执行

7. 智能配送机器人最关键的感知设备是（　　　）。

    A. 温度传感器　　　　B. 湿度传感器　　　　C. 重力感应器　　　　D. 多线激光雷达

8. 仿生机器狗运动控制的核心是（　　　）。

    A. 电池容量　　　　　　　　　　B. 动态平衡算法

    C. 外壳材质　　　　　　　　　　D. 无线充电技术

9. 物流分拣机器人主要集成的 AI 技术不包括（　　　）。

    A. 自主导航　　　　B. 视觉识别　　　　C. 核磁共振　　　　D. 语音交互

10. 老年陪护机器人通过（　　　）技术识别情绪变化。

    A. 情感计算　　　　B. 量子计算　　　　C. 边缘计算　　　　D. 云计算

案例分析题

1. 抗疫配送机器人优化。

背景：某医院拟引进"白犀牛"抗疫机器人，但现有系统在雨雾天气下导航误差增加30%。已知机器人搭载16线激光雷达、双目摄像头、超声波传感器、云端调度系统等。

（1）分析现有传感器配置的不足。

（2）提出两项技术改进方案。

2. 四足救援机器人设计。

背景：某团队开发山地救援机器人，要求能负重 15 kg 持续工作 4 小时，能攀爬45° 碎石坡，在 −20 ℃环境中能正常运作。

（1）列举三项关键技术需求。

（2）设计传感器配置方案。

空间智能模块应用

随着技术的快速发展，人工智能在各个领域的应用日益广泛，深刻改变了我们的学习、生活和工作环境，尤其是在改善人类生活质量方面发挥了重要作用。

本项目聚焦于空间智能模块的应用，从智慧教育、智慧家居到智慧城市三个层面展开，探讨如何通过人工智能技术提升不同场景下的智能化水平。通过本项目的实践，理解并掌握空间智能模块的基本原理及其在实际场景中的应用方法。

项目案例

» 案 例

空间智能模块从场景到落地

某制造企业借助空间智能中枢，构建了"物联网数据 + 三维空间"融合的透明工厂。系统实时接入设备运行监控数据，自动识别风险区域并推送预警；维保人员通过智能导航快速定位故障点，响应效率提升 50%；在安全培训场景中，数字孪生空间模拟爆炸、泄漏等极端事件，规划最优逃生路线，实现沉浸式应急演练；在设计协同层面，参数化建模工具基于三维空间数据，将传统手工建模工时减少 80%，并支持与其他平台数据互通；在生产线改造项目中，设计团队通过数字空间仿真验证设备安装空间与物流路线，成功规避施工风险。

在该案例中，企业整体运营成本降低 30%，设计缺陷率下降 45%，为智能化工厂建设提供了可复制的标杆经验。

» **案例思考**

（1）三维空间与实时实际空间数据融合在哪些环节突破了传统工厂管理的局限？

（2）系统整合过程中可能面临哪些技术或管理挑战？

任务 1　搭建智慧教室

任务导入

在教育领域，空间智能模块可以通过创建虚拟教室和增强现实（AR，augmented reality）学习环境来提高教学效果。基于人工智能的空间智能系统利用传感器和摄像头捕捉学生的课堂行为数据，并通过分析这些数据为教师提供个性化的教学建议。而学生可以通过佩戴 AR 眼镜，在虚拟环境中进行实验操作，既通过沉浸式交互提升学习趣味性，又能在无风险模拟中强化动手能力与问题解决思维，突破传统实验在设备、场地和安全等方面的限制，尤其适合高危、高成本或微观／宏观场景的教学（如化学危险品实验、天体运行观测等）。

课堂讨论

（1）智慧教室可以解决哪些问题？

（2）虚拟教室对于学习方面的促进作用有哪些？

任务目标

» 知识目标

了解主流智能教育设备的技术发展趋势，为后续智能教室搭建奠定理论基础；

掌握智能教室核心设备的基本功能、技术参数及选型标准。

» 能力目标

具备团队协作完成设备调研、参数对比和选型方案制定的实践能力；

提升运用互联网检索技术资料、分析产品参数、制作对比表格的信息处理能力；

通过场景化选型训练，增强将理论知识转化为实际解决方案的应用能力。

» 素养目标

养成严谨求实的工程思维，在设备选型中注重性价比与实用性的平衡；

通过小组协作培养沟通表达能力与团队合作精神；

树立以需求为导向的技术应用理念，培养技术领域的创新意识。

» 任务重难点

重点：掌握智能教室核心设备的基本功能、常规搭建技术参数及选型标准；

难点：团队协作完成设备调研、参数对比和选型方案制定。

任务知识

1. 空间智能

空间智能是指 AI 系统通过对三维空间和时间的理解，实现感知、推理和行动的能力。它融合了计算机视觉、深度学习、自然语言处理和物理模拟等多种技术，旨在让机器能够像人类一样理解和操作物理世界。空间智能的核心目标是构建一个数字世界与现实世界无缝互通的智能生态，如图 6-1 所示。

图 6-1　空间智能

2. 智慧教室

作为空间智能技术在教育领域的核心应用，智慧教室通过物联网（IoT，Internet of Things）、人工智能与环境感知技术的深度融合，构建动态响应教学需求的智能化学习空间，如图 6-2 所示。智慧教室技术架构包括感知层、交互层与决策层：感知层依托毫米波雷达、麦克风阵列及边缘计算节点，实时采集环境数据（如光照强度、学生坐姿、声音定位等），为后续分析提供基础；交互层整合 AR/VR 终端、全息投影白板及生物识别设备，支持多模态人机交互，例如学生通过手势操控虚拟教具，教师使用语音指令调取云端课件；决策层则部署轻量化 AI 模型，如基于 TensorFlow Lite 的学生专注度分析算法，动态优化教学资源分配（如自动分组讨论、差异化习题推送）。

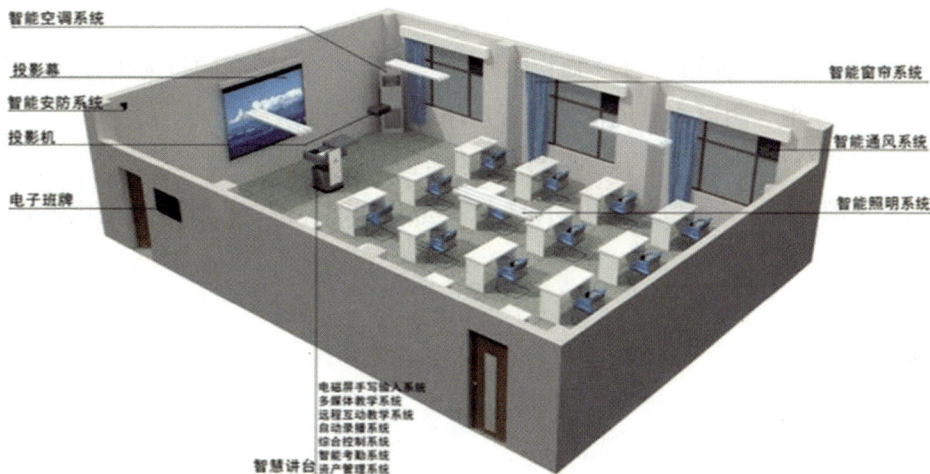

图 6-2　智慧教室

在典型应用场景中，智慧教室展现出显著的场景适应性。例如在机械实训课上，学生佩戴 AR 眼镜即可透视发动机内部结构，同步接收拆装步骤的 3D 动画指引；在语言教学中，智能语音系统实时纠正发音错误并生成个性化纠音报告。教室布局亦具备智能调节能力——当系统检测到课程切换为小组协作模式时，可自动重组课桌排列并启动多屏互动投屏功能。

智慧教室的建设不仅是技术集成，更是教育理念的革新。其核心价值在于通过环境自适应、资源精准推送与沉浸式体验，破解传统课堂中后排学生参与度低、实训资源分配不均等痛点，最终形成"以学习者为中心"的智慧教育生态体系。

任务实践

课堂行为模式识别与教学策略优化推演

» 任务内容

分组扮演"AI 教育分析师"团队，观看模拟课堂视频片段，人工识别典型学习行为模式（如专注、分心、协作、提问等），分析行为成因，并设计适配的 AI 辅助教学策略。依托行为分类卡片、决

智慧教室学习
行为识别分析

策流程图等工具完成推演，最终形成行为优化方案报告。

» 实践步骤

（1）行为观察。观看课堂视频片段，记录学生读写、讨论、提问、使用电子设备等场景活动。

（2）模式识别。使用行为分类卡片标记关键行为，归纳高频行为组合；使用手绘或贴纸方式以思维导图形式呈现行为分析规律。

（3）归因分析。基于行为规律，讨论成因。

（4）策略设计。参考图 6-3 所示的 AI 决策流程图样例，设计教学优化策略。

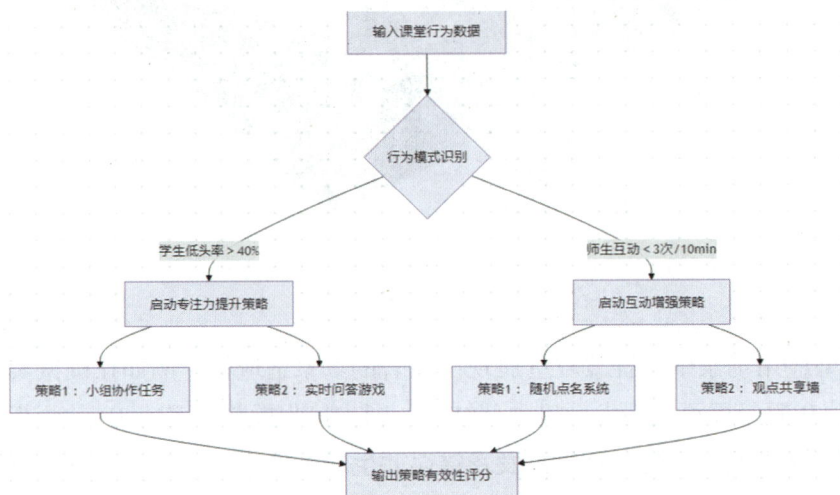

图 6-3　AI 决策流程

（5）伦理推演与方案完善。针对策略中的监控技术，辩论其隐私风险，在方案中补充伦理说明。

（6）小组展示 AI 课堂行为优化方案，内容包含：行为模式规律图、策略流程图、伦理风险应对说明等。

任务实践小册 🔗

课堂行为模式识别与教学策略优化推演
任务情境活页工单

姓　　名		班　　级		学　号	
实训教室		学　　时		日　期	

任务书					
任务名称	课堂行为模式识别与教学策略优化推演				
任务描述	观看课堂视频片段，掌握人工识别典型学习行为模式（如专注、分心、协作、提问等），分析行为成因，并设计适配的 AI 辅助教学策略，最终形成行为优化方案报告				

任务要求

任务质量要求：

行为分类准确：至少识别 4 类核心学习行为。

策略有针对性：优化方案需匹配行为痛点。

逻辑完整：包含"观察→归因→决策→验证"全流程推演。

职业素养要求：

协作能力：组内分工明确，共同完成角色扮演与辩论。

伦理意识：策略设计需标注隐私保护措施。

表达能力：方案汇报语言简洁，逻辑清晰

任务步骤	工作步骤	要求	时间 /min	备注
	阅读任务书	了解任务内容	5	
		了解任务要求	5	
	任务实践	完成知识巩固	10	
		完成技能训练	20	

实操评估表

基本信息	姓　名		学　号		班　级		组　别	
	规定时间		完成时间		考核日期		总评成绩	
考核内容	序号	内容	评分标准			标准分		评分
	1	行为分类	行为分类与视频场景匹配准确，至少识别4类核心学习行为			20		
	2	优化策略	策略能够解决核心问题，体现AI特性			20		
	3	方案逻辑	方案详细、汇报逻辑清晰			30		
	4	伦理风险	隐私保护措施完整			20		
	5	团结协作	1.分工明确，工作任务目标明确，工作量明确，执行进度安排合理，获得5分。2.分工较为明确，工作任务目标较为明确，工作量较为明确，执行进度安排较为合理，获得1~4分。3.分工不明确，工作任务目标不明确，工作量不明确，执行进度安排不合理，不得分			5		
	6	沟通表达	1.愿意沟通，善于沟通，获得3分。2.愿意沟通，但不善于沟通，获得1~2分。3.不愿意沟通，不得分			3		
	7	工单填写	1.完整完成工单，获得2分。2.未完整完成工单，不得分			2		
教师评语								

任务2　构建智慧家居系统

任务导入

　　智慧家居是空间智能应用的一个重要领域。通过集成物联网（IoT）设备和人工智能算法，智慧家居系统利用空间智能模块实现了语音控制家电、自动调节室内温湿度及安防监控等功能，可以实现对家庭环境的全面监控与自动化控制，不仅提升了居住舒适度，还大大增强了家庭的安全性。

课堂讨论

　　（1）智慧家居可以带来哪些便利？
　　（2）有哪些智慧家居已经在我们生活中使用了？

任务目标

» 知识目标

掌握智慧家居的基本概念及其组成要素；
理解人工智能在智慧家居中的具体应用场景；
熟悉智慧家居空间智能模块的架构及功能模块划分

» 能力目标

能够设计并规划一个简单的智慧家居模拟环境；
能够实现基础家居设备的智能联动；
具备调试和优化智慧家居系统功能的能力。

» 素养目标

增强团队协作能力，在系统搭建过程中高效沟通；
培养创新意识与探索精神，主动思考智慧家居系统的优化方向；
树立安全与责任意识，重视家居数据安全与隐私保护；
激发创新思维与实践探索欲望。

» **任务重难点**

重点：清晰理解智慧家居系统的架构设计原则，包括硬件选型、软件开发及整体集成方案的选择依据；

难点：针对智慧家居系统中可能遇到的各种复杂情况选择合理的解决方案。

任务知识

1. 智慧家居

智慧家居是指通过物联网、人工智能、大数据等技术，将家庭中的各类设备（如照明、空调、安防、娱乐系统等）连接起来，实现设备间互联互通、自动化控制及远程管理的一种新型居住环境。用户可以通过手机应用程序远程控制家中的灯光和温度，或者借助语音助手完成家电操作。

智慧家居利用先进的信息技术提升家庭生活的便利性、舒适性和安全性，同时促进能源节约与环境保护。一方面，通过智能化管理和自动化控制，智慧家居能够显著降低日常生活的繁琐程度，例如能够根据用户的习惯和偏好自动调整设备状态，在紧急情况下快速触发报警系统保障家庭安全；另一方面，它还致力于打造可持续发展的居住环境，例如自动检测并关闭未使用的电器以节省电能，通过智能温控系统优化能源使用效率，减少浪费。

2. 智慧家居的系统架构

与智慧教室相似，智慧家居系统也采用分层架构设计，主要包括终端设备层、感知层、网络层和应用层，如图 6-3 所示。

终端设备层是系统功能的执行载体，包括灯具、空调、家电等各类家居硬件，接收上层指令并执行具体操作，直接与物理世界交互。感知层是系统的感官，通过各类传感器实时采集环境数据和设备状态，为系统决策提供依据。网络层是系统的数据桥梁，负责连接终端设备、感知层与上层平台，实现数据的传输与交互。其中家庭内网借助网关、中控主机等实现感知层与终端设备层的本地连接，保障数据在家庭内部低延迟、稳定传输；家庭外网通过云服务器、网关打通本地系统与远程系统或第三方平台的通道。应用层是智慧家居系统面向用户的交互终端，将平台层处理结果转化为可视化、可操作的服务，还能对接小区、社区等，把家庭智能融入更大生态。

分层架构使得系统具有良好的扩展性和灵活性，能够适应不同规模和需求的家庭场景。

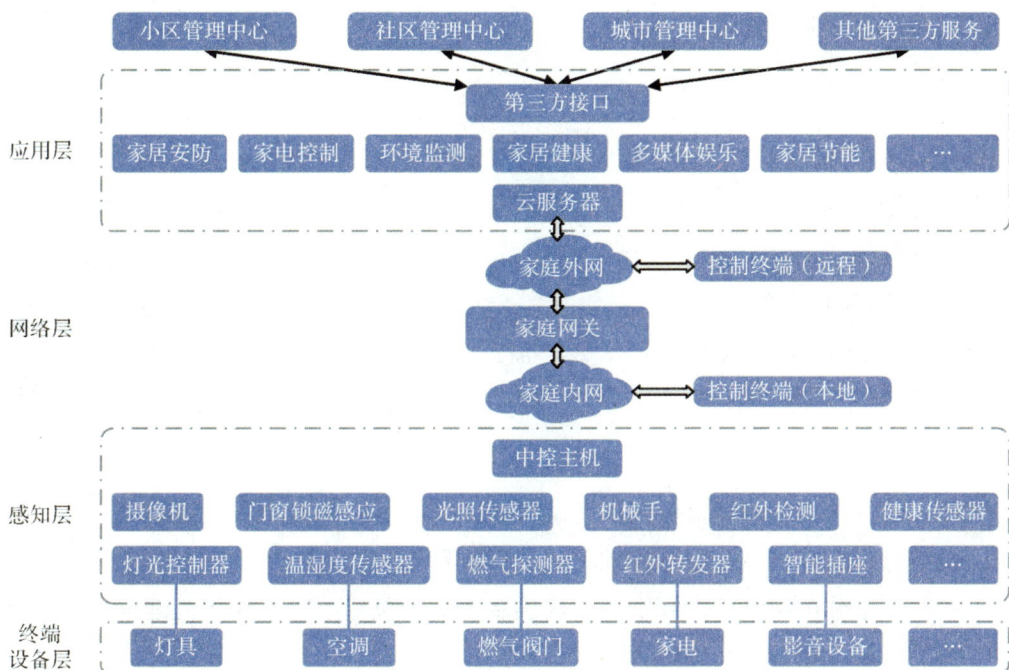

图 6-3　智慧家居分层架构

3. 智慧家居技术组成

智慧家居的高效运行依赖物联网、人工智能、云计算及大数据等核心技术的协同融合。

物联网技术作为系统的"连接纽带"，通过 MQTT、CoAP 等标准化通信协议，打破不同品牌、类型设备间的壁垒，实现照明、安防、家电等设备的互联互通，构建起家庭设备网络的基础框架。

人工智能技术赋予系统"智能感知"与"自主决策"能力，例如机器学习算法通过分析用户日常操作习惯，自动优化设备运行模式，自然语言处理技术则支持语音助手精准识别指令，实现人机自然交互。

云计算技术为智慧家居提供了强大的"算力后盾"与海量存储空间，确保家庭环境数据的实时分析和远程访问。

大数据技术深度挖掘公共数据和用户行为数据，持续优化系统功能，例如预测用电高峰并提前调整设备能耗，或根据用户偏好推荐个性化场景模式。

这些技术相辅相成，共同推动智慧家居朝着更便捷、智能、节能的方向发展。

任务实践 🔗

设计家庭智慧家居控制方案

» 任务内容

了解智慧家居的基本概念、组成和功能。

研究智慧家居中的关键技术，设计一个基于智慧家居技术的家庭控制方案，包括照明、温度控制、安全监控等方面。制作方案报告，展示设计思路和预期效果。

智慧家居搭建

» 实践步骤

（1）通过课堂学习和资料阅读，了解智慧家居的基本概念和关键技术。

（2）分析家庭智慧家居的需求，确定设计目标和功能。

（3）基于分析结果，设计智慧家居控制方案，包括系统架构和关键技术应用。

（4）撰写方案报告，详细说明设计思路、技术细节和预期效果。

（5）在课堂上展示设计方案，并回答同学和教师的疑问。

任务实践小册

设计家庭智慧家居控制方案
任务情境活页工单

姓　名		班　级		学　号	
实训教室		学　时		日　期	
任务书					

任务名称	设计家庭智慧家居控制方案
任务描述	研究智慧家居中的关键技术，设计一个基于智慧家居技术的家庭控制方案，包括照明、温度控制、安全监控等方面。制作方案报告，展示设计思路和预期效果
任务要求	**任务质量要求：** 　方案应具有一定的创新性，能够体现智慧家居的技术特点。 　方案应考虑实际应用场景，确保实用性和可行性。 　方案中使用的技术应合理、先进，符合智慧家居的发展趋势。 　报告应包含方案概述、设计思路、技术细节、预期效果和可能的改进方向。 **职业素养要求：** 　以小组形式合作，展现良好的团队协作能力。 　在方案设计和报告撰写过程中，能有效沟通，清晰表达设计思路。 　在方案设计中展现创新思维，不拘泥于现有技术

任务步骤	工作步骤	要求	时间 /min	备注
	阅读任务书	了解任务内容	5	
		了解任务要求	5	
	任务实践	完成知识巩固	10	
		完成技能训练	20	

实操评估表

基本信息	姓 名		学 号		班 级		组 别	
	规定时间		完成时间		考核日期		总评成绩	
考核内容	序号	内容	评分标准			标准分	评分	
	1	方案创新性	设计方案的具有创新点和独特性			20		
	2	实用性和可行性	方案的具有实用性和可行性			20		
	3	技术合理性	方案中使用的技术合理、先进			30		
	4	报告完整性	报告结构完整、逻辑清晰			20		
	5	团结协作	1.分工明确，工作任务目标明确，工作量明确，执行进度安排合理，获得5分。 2.分工较为明确，工作任务目标较为明确，工作量较为明确，执行进度安排较为合理，获得1~4分。 3.分工不明确，工作任务目标不明确，工作量不明确，执行进度安排不合理，不得分			5		
	6	沟通表达	1.愿意沟通，善于沟通，获得3分。 2.愿意沟通，但不善于沟通，获得1~2分。 3.不愿意沟通，不得分			3		
	7	工单填写	1.完整完成工单，获得2分。 2.未完整完成工单，不得分			2		
教师评语								

任务3 智慧城市规划

任务导入

空间智能在城市层面的应用更加广泛和复杂，智慧城市就是其中的代表。智慧城市依托物联网、大数据、人工智能等前沿技术，深度整合城市中交通、能源、安防、公共服务等各类数据资源，构建起全面感知、智能分析、动态决策的城市管理体系，优化城市管理和服务。

智能交通管理系统通过部署在城市道路上的摄像头、地磁传感器、雷达等设备，实时采集交通流量、车速、车型等多维数据，实时分析并预测交通流量，动态调整信号灯时长，让车辆通行更加顺畅，有效缓解交通拥堵问题。

智慧公共服务平台则整合政务、医疗、教育等多领域资源，搭建起"一网通办"的数字化服务体系。该系统还支持紧急事件响应，如交通事故处理和灾害预警，显著提高了城市的应急能力。

课堂讨论

（1）智慧城市有哪些组成部分？
（2）智慧城市为生活带来了哪些便利？

任务目标

» **知识目标**

掌握智慧城市的定义、核心理念及关键技术，并能阐述其在城市治理中的作用；

了解感知层、网络层、数据层、平台层、应用层的功能及相互关系，并能举例说明各层的典型应用；

理解数字技术如何优化公共服务、促进文化传承，并分析其对可持续发展与数字治理的影响。

» **能力目标**

能够分析智慧城市关键技术的实际应用，并探讨其在不同场景中的可行性；

能够通过调研智慧城市案例，提出技术优化或社会问题解决方案；

能够利用数据驱动思维，模拟智慧城市中的资源调度或政策制定，提升逻辑推理与决策能力。

» 素养目标

在技术应用中关注公平性、隐私保护等问题，培养以人为本的技术发展观；

辩证看待智慧城市的优势与挑战，提出兼具创新性和可行性的改进建议；

通过小组讨论或项目汇报，提升团队协作能力，并能清晰表达技术方案的社会价值。

» 任务重难点

重点：智慧城市系统架构与关键技术，理解数字化治理与社会发展的融合路径；

难点：技术应用与社会公平性的平衡把控。

任务知识

1. 智慧城市

智慧城市是一种依托物联网（IoT）、大数据、人工智能算法及空间感知技术构建的数字化生态系统，旨在实现城市资源的动态调度、服务的高效协同，以及风险的智能预警。通过这些先进技术的应用，智慧城市能够为市民提供更加便捷和舒适的生活环境，同时优化城市管理效率。

2. 分层架构

智慧城市的技术架构可分为感知层、网络层、信息层和交互层四层，如图6-4所示。

图 6-4　智慧城市分层架构

感知层作为智慧城市的"神经末梢"，借助各类传感器与智能设备实现对城市环境全方位、实时化的数据采集。视频监控摄像头实时捕捉街道动态，保障公共安全；

位置信息采集设备精确追踪人员与车辆轨迹，为交通调度与应急救援提供支持；人口信息采集系统动态掌握人口流动与分布，辅助城市规划与公共服务资源配置；空气质量、温度等环境传感器则持续监测城市生态指标，助力环境保护与污染治理。

网络层是智慧城市的"信息动脉"，负责将感知层采集的数据高效、稳定地传输。它融合了光纤通信、5G 等高速网络及 Wi-Fi、蓝牙、LoRa 等无线通信技术，构建起覆盖全域的通信网络。卫星通信与地面基站相互配合，确保数据传输不受地理环境限制，为城市各系统间的数据交互和协同运作奠定坚实基础。

信息层犹如智慧城市的"大脑中枢"，云存储中心对海量数据进行集中存储与管理，运用分布式存储技术保障数据安全与可靠性。基于大数据与人工智能算法，对交通流量模型、人口增长模型、气温变化模型等进行深度分析与预测，为城市管理决策提供科学依据。同时，各类城市管理平台、行政审批平台等实现跨部门、跨领域的数据共享与业务协同，打破信息孤岛，提升城市治理效率。

交互层是智慧城市与市民、企业的"对话窗口"。智能电视、智能信息亭、智能公交等公共终端，为市民提供政务公开、公共服务信息查询、出行指引等便捷服务；智能手机等移动终端，让市民通过各类 APP 实现政务办事、生活缴费、医疗预约等一站式操作，真正实现城市服务的触手可及，提升市民的获得感与幸福感，推动城市迈向智能化、人性化发展新高度。

任务实践 🔗

公共安全监控中的异常行为识别模拟

» 任务内容

模拟智慧城市安防中心，通过图像分类与规则设计，理清 AI 监控系统识别异常行为（如跌倒、聚集）的决策逻辑，完成包含行为分类结果、决策规则表及伦理分析的报告。

在任务各阶段有意识地讨论技术应用的隐私边界，培养模式识别能力与隐私保护意识。

公共安全行为
识别场景

» 实践步骤

（1）收集 10 种场景行为（走路、跑步、跌倒等）的图片卡（或由教师预制并发放），观察图片中的动作特征。

（2）分组标注"正常/异常"标签，建立初步分类认知，完成行为分类表，示例如表6-1所示。

表6-1　行为分类表样表

行为类型	识别特征	风险等级
跌倒	身体倒地＋无移动持续10秒	红色
人群聚集	5人以上密集＋持续大于5分钟	黄色

（3）基于分类结果，小组合作，总结由AI判断异常的决策规则，着重关注动作的时空连续性特征。填写规则设计模板，样例如表6-2所示。

表6-2　规则设计模板

监测指标	阈值	响应措施	责任人
个体倒地	持续8秒	触发语音询问＋同步保安画面	监控中心
人群密度	大于4人/㎡，持续2分钟	广播疏散警告＋调整摄像头角度	片区巡警

（4）盲点分析。考虑技术局限场景，如"摄像头被树木遮挡时如何补充监测盲区"，讨论多设备协同方案。

（5）伦理辩论。开展隐私权衡辩论，辩题如"广场全覆盖监控是否侵犯自由""如何平衡安全与隐私权"，等等。

（6）小组整合行为分类表、规则设计模板及盲点分析和伦理辩论结论，形成简易报告。

任务实践小册 🔗

公共安全监控中的异常行为识别模拟
任务情境活页工单

姓 名		班 级		学 号	
实训教室		学 时		日 期	

任务书					
任务名称	公共安全监控中的异常行为识别模拟				
任务描述	通过图片分类与规则设计，模拟 AI 监控系统识别异常行为的决策逻辑，理解人工智能技术在智慧城市公共安全中的应用，并分析隐私与安全的平衡关系				
任务要求	**任务质量要求：** 　规则合理：分类规则清晰合理，报警条件可量化。 　方案完整：响应流程、盲区补救措施符合全面覆盖原则。 　伦理分析有深度：利弊分析涵盖隐私权、数据安全、社会效益三重维度。 **职业素养要求：** 　规范设计：符合法律与行业规范。 　团队协作：角色扮演中模拟多部门联动，制定快速响应流程。 　安全认知：系统思维与风险预判多维度排查				

任务步骤	工作步骤	要求	时间 /min	备注
	阅读任务书	了解任务内容	5	
		了解任务要求	5	
	任务实践	完成知识巩固	10	
		完成技能训练	20	

实操评估表

基本信息	姓 名		学 号		班 级		组 别	
	规定时间		完成时间		考核日期		总评成绩	
考核内容	序号	内容		评分标准		标准分	评分	
	1	系统完整性		数据采集与执行器连接正确		20		
	2	功能实现		两项控制规则触发成功		20		
	3	操作规范		能够规范使用虚拟工具		30		
	4	创新应用		能够新增人性化功能		20		
	5	团结协作		1.分工明确，工作任务目标明确，工作量明确，执行进度安排合理，获得5分。2.分工较为明确，工作任务目标较为明确，工作量较为明确，执行进度安排较为合理，获得1~4分。3.分工不明确，工作任务目标不明确，工作量不明确，执行进度安排不合理，不得分		5		
	6	沟通表达		1.愿意沟通，善于沟通，获得3分。2.愿意沟通，但不善于沟通，获得1~2分。3.不愿意沟通，不得分		3		
	7	工单填写		1.完整完成工单，获得2分。2.未完整完成工单，不得分		2		
教师评语								

拓展延伸

"数字"龙口，展望"智慧"未来

近年来，龙口市把智慧城市、大数据产业作为城市发展的核心要素，积极探索县域智慧城市和数字经济建设。龙口市与华为 2019 年达成战略合作协议，参考华为城市智能体架构建设龙口智能体。从以人为本出发，用以 AI 为核心的新技术构建智能化新质生产力，并将数据融合和流程再造，实现数字政府引导、数字经济和数字社会协同发展，从而推进县域城市发展一体化智能协同。

龙口智能体首先建设城市数字平台，作为数字世界新底座。数字平台统筹建设大数据、地理信息系统、人工智能、物联网、视频云、融合通信等共性能力，支撑全市信息化建设。数字平台为龙口构筑新型城市级能力服务平台，为上层智慧应用提供了面向未来的核心服务能力。未来龙口市将对照试点示范建设标准，在政务、应急、民生等领域持续深入，大胆探索新型智慧城市建设的长效运营模式，以科技赋能城市，共创美好智慧生活。

根据以上内容，分析讨论龙口市智慧城市建设项目中，数字平台的作用是什么？它如何通过技术手段实现城市治理的智能化？

巩固提升

单选题

1.空间智能的核心目标是（   ）。

   A.提升机器学习算法准确率

   B.构建数字世界与现实世界互通的智能生态

   C.优化物联网设备功耗

   D.增强计算机视觉识别速度

2. 智慧教室感知层的主要设备不包括（　　　）。

  A. 毫米波雷达   B. 生物识别设备

  C. 全息投影白板   D. 边缘计算节点

3. 在机械实训课中，AR 眼镜的主要作用是（　　　）。

  A. 实时监控学生考勤

  B. 动态优化教学资源分配

  C. 透视设备内部结构并提供 3D 指引

  D. 采集环境温湿度数据

4. 智慧家居系统架构中负责数据传输的是（　　　）。

  A. 感知层   B. 网络层

  C. 平台层   D. 应用层

5. （　　　）技术不属于智慧家居的核心技术。

  A. 联邦学习   B. 边缘计算

  C. 物联网协议   D. 自然语言处理

6. 智慧家居的核心目标是（　　　）。

  A. 降低设备生产成本

  B. 提供高效、便捷、安全的生活方式

  C. 提升云计算存储容量

  D. 优化大数据分析模型

7. 在智慧城市感知层中，用（　　　）技术监测地下管网。

  A. 5G 通信   B. 激光雷达（LiDAR）

  C. 声纹识别   D. 手机信令分析

8. 智慧城市信息层的典型应用有（　　　）。

  A. 交通摄像头部署

  B. 数字孪生模型预测

  C. 无线网络信号覆盖

  D. 传感器数据采集

9. 群体智能技术在智慧城市中的主要作用是（　　　）。

  A. 分析人口流动规律

  B. 生成三维城市模型

  C. 优化联邦学习算法

  D. 监测空气质量

10.AI 信号灯动态调整绿灯时长的依据是（　　　）。

A.历史交通数据　　　　　　　　B.实时车流量监测

C.天气预报信息　　　　　　　　D.市民投诉反馈

案例分析题

1.智慧教室环境感知系统设计。

背景：某学校计划搭建智慧教室环境感知系统，要求实现光照自动调节、温湿度异常报警、学生位置监测功能。

列举所需传感器的类型及对应的功能。

2.智慧家居系统优化。

背景：某家庭智慧家居系统频繁出现设备响应延迟，且隐私数据泄露风险较高。

（1）分析可能导致延迟的技术原因。

（2）提出 3 项隐私保护改进措施。